这一世的美好
皆因一个你

李思圆 著

文汇出版社

图书在版编目（CIP）数据

这一世的美好，皆因一个你 / 李思圆著 . -- 上海：
文汇出版社，2017.7
ISBN 978-7-5496-2096-8

Ⅰ.①这… Ⅱ.①李… Ⅲ.①情感－青年读物
Ⅳ.① B842.6-49

中国版本图书馆 CIP 数据核字（2017）第 091047 号

这一世的美好，皆因一个你

出 版 人 / 桂国强
作　　者 / 李思圆
责任编辑 / 乐渭琦
封面装帧 / Shin

出版发行　文汇出版社
　　　　　上海市威海路 755 号
　　　　　（邮政编码 200041）
经　　销 / 全国新华书店
印刷装订 / 三河市京兰印务有限公司
版　　次 / 2017 年 7 月第 1 版
印　　次 / 2017 年 7 月第 1 次印刷
开　　本 / 889×1194　1/32
字　　数 / 165 千字
印　　张 / 8

ISBN 978-7-5496-2096-8
定　价：38.60 元

刚好遇见你，此生都是你

1

每当提起爱情时，或许每个人心中都立刻有了暖意。歌德就曾说，**这世界要是没有爱情，它在我们心中还会有什么意义！这就如一盏没有亮光的走马灯。**

爱情是美好的，也是残忍的，是开心的，也是痛苦的，是会令人精神为之一振的，也是会让人瞬间分崩离析的。

好的爱情是在对的时间遇上一个同样对的人，是通过一个人看见整个世界，它让你开阔，让你遇见更多的美好，让你更想要往更优秀更独立的方向发展。

而坏的爱情则是在错的时间遇上错的人，而且这个人就是你的全世界，它让你狭隘，让你整个人围着一个人转，让你失去了控制自己情绪的能力。

也许每个人不一定遇见过好的爱情，但多半会遇见坏的爱情。就如你的初恋，总是爱得轰轰烈烈却无疾而终；就如你的暗恋，总是爱得不能自已，对方却从不知晓；就如你的错恋，分明不合适，分明不能在一起，可是你总有一股想要将错就错的执着劲儿。

每当我提到爱情时，总是会想起多年前看的杜拉斯在《情人》里的这段话：

> 我已经老了，有一天，在一处公共场所的大厅里，有一个男人向我走来。他主动介绍自己，他对我说："我认识你，永远记得你。那时候，你还很年轻，人人都说你美，现在，我是特地来告诉你，

对我来说，我觉得现在的你比年轻的时候更美，那时你是年轻女人，与你那时的面貌相比，我更爱你现在备受摧残的面容。"

我想爱情就是这样的吧，一个人若真爱你，就会爱你年轻时貌美的容颜，也爱你年老时沧桑的灵魂；爱你青春时的乌黑秀发，也爱你白头时的满脸皱纹。

2

那爱一个人时，你会有什么表现？

我觉得爱一个人时，你就突然变成了一个话痨。你有好多好多话想要跟他说，你开心时，第一个想到他，你悲伤时，也会第一个想到他。甚至是平平淡淡、不躁不急的小日子里，你也会想要跟他分享生活里鸡毛蒜皮的事儿。

因为爱，所以渴望被了解，渴望被懂得，更渴望有一个真正爱你的人，愿意跟你絮絮叨叨，说说笑笑一辈子。

多少感情的破裂其实都是从无话可说开始的。当一个人心里没了爱，自然就会变得沉默，爱没了语言，就如船没了帆。我们终其一生其实都是在找那个聊得来的人。

当你爱一个人时，心就会变得特别柔软。因为真正爱一个人时，你整个人都会被爱包裹。你说出的话、做出的事、叫出的名字，都自带三分爱意，就如冬日里冰雪融化后的水滴般，柔软、干净、澄澈。

大概这就是爱一个人的样子吧。爱她，心里就特别柔软。在没遇见她之前，你就如一座巍峨的高山，坚强、沉稳；当遇见她之后，你就突然有了流水一般的温和与细腻。

再强悍的人，一旦心里有了爱意，就会自然而然地变得放松，变得渴望与爱的人过上安稳且平凡的幸福小日子。

有多少人一生追求名，追求利，在这个人心叵测的社会摸爬滚打，早已穿上了一身战衣。可即便你穿了防弹衣，敌人的子弹穿不过你的胸膛，但爱可以。

当你爱一个人时，他就会让你很安心。就如漂泊无依的行者突然想家了，你特别想要跟他安安静静、平平安安地在一起，只要跟他在一起。他在，你在，时光在，无论粗茶淡饭还是布衣荆裙，你都通通不在意。

我记得电视剧《创世纪》中有这样一段台词：

> "颖欣，我想你清楚一件事。我很想有一个属于自己的家，里面有一张很漂亮的书桌，但是如果没有，无所谓。
>
> "我也很想有一张很舒服的沙发，但是如果没有，无所谓。
>
> "如果在家里面，有几个天真活泼的小孩子跑来跑去，我会很开心，但没有也无所谓。
>
> "最重要的是，这个家里有你，其他有没有都无所谓。"

当然，若他也同样爱你，就绝不会让你同样提心吊胆，害怕他会走，害怕他随时会离开，害怕他一言不合就闹分手。**真正的爱，从不会因为三言两语就拜拜，更不会因为无法容忍你的小毛病而分手，因为爱，就是让你知道有他在，你不用怕。**

3

其实爱情也是讲缘分的。在错的时间遇到了对的人，跟在对的时间遇到了错的人，其实是一样会让人痛苦的。

席慕蓉的《透明的哀伤》中曾说，**幸福的爱情都是一种模样，而不**

幸的爱情却各有各的成因，最常见的原因有两个：太早，或者，太迟。

这世间最痛苦的爱情也许就是你明知道他是你一生的挚爱，你找到了，并且他就在你的眼前，可是你就是不能拥有他。因此，多少人打着朋友的名义偷偷地爱着对方，又有多少人因不可能或者已失去而错失一生的爱。

有人说，有一种错过叫作：当你在无能无力的年纪遇上了最想保护的女人，而一个女人在最想安定的年纪遇上了一个只能拼搏事业的男人。

每个人的出场顺序很重要，能够相爱的前提并不只是两情相悦，而是在正确的时间遇上互相正确的人。我们总是把青涩和挚爱给了一个人，最后把生活给了另外一个人，这就是人生的出场顺序。

有些人适合陪你相濡以沫却厌倦到终老，而有的人只适合与你相忘于江湖却怀念到哭泣。一个惊艳了你时光的人，不一定可以温柔你的岁月。

记得《一代宗师》里宫二对叶问说：叶先生，说句真心话，我心里有过你。我把这话告诉你也没什么，喜欢人不犯法。可我也只能到喜欢为止了。原本我是不给人提起的，但不知道为什么，遇见你就什么都说出来了。

如若错过，如果不合适，一定要学会放手，毕竟爱情是有时间性的，谁说非要在一起才是爱？若深爱，智者从不在乎定义。所以说爱得好，爱得巧，不如爱得刚刚好。

4

在恋爱里，女人说不爱了，多半是赌气的话。而男人说不爱了，是真的不爱了。女人更擅长用耳朵、用嘴巴，甚至凭幻想谈恋爱。而男人其实更愿意凭自己的视觉和感觉来恋爱。

女人会因为爱一个人而变得唠叨，变得特别敏感，变得多疑，甚至是一会儿晴天一会儿雨天，心情全凭男人给的爱而定。

当女人听不到甜言蜜语，没了更多倾诉的机会，甚至从很多细枝末节中找到男人不够爱她的蛛丝马迹，就认为自己不被爱了。

其实爱会分神，更会走神，即便对你再好的男人也会有偶尔不在最佳状态的时候，但如果一个人总是对你没时间、没精力，不想跟你聊，不想陪伴你，甚至出现了嫌弃的感觉，那至少表明他不够爱你。

有人说，**女孩是没有爱情的，谁对她好她就跟谁走。但男人不一样，男人喜欢就是喜欢，不喜欢也强求不来。**

在一段感情里，如果女人说了分手，主动权还是掌握在男人手里，他若是懂得女人的心理，哄哄对方，女人就会转身回头。但若是男人先提出分手，无论女人怎么闹，多半都是无疾而终的事。

所以，对于分手这件事，女人更多时候弱于男人。

5

爱情会一辈子吗？

见过很多爱情，从一开始的轰轰烈烈，到结束时的劳燕分飞。有多少神仙眷侣，本可以相濡以沫，却相忘于江湖。

尤其在这个浮躁的社会，爱上一天不难，一个月不难，一年也还算好，但爱上 10 年、20 年，甚至更久，那需要的就不单单是爱情。

爱情，绝不是靠脑子里那一股子好奇、爱意和冲动就能天长地久的，很多情侣要真的白头偕老，无非是懂得互相迁就和珍惜对方。

毕竟在这个世界上，真正相同的树叶根本没有，真正性格完全匹配的人也没有，两个人有分歧时，彼此都要退一步。

他喜欢吃辣，你就在做菜时多放一点辣椒；她喜欢聊天，你就在睡觉前多陪她聊几句；他性格沉稳，你就不要凡事都跟他闹，还怪他不回应你；她散步逛街，你就多陪她出去走一走，逛一逛。

有时候，爱情需要的不仅是"我爱你"这么简单的语言，而是要懂得从对方的角度出发，各自谦让，互相成就。

6

其实每个人心里都有爱情，爱情是不分年纪的。

我曾经见过懵懂的少年偷偷拿着有香味的信笺纸给心爱的女孩写情书，也曾见过人到中年依旧爱得你侬我侬如胶似漆的伴侣，更见过不离不弃、满头银发的夫妻手牵着手互相拌嘴的模样。

我曾经以为，爱情只是年轻女人和男人的心理需求。**直到写了些文字，见了一些人，才知道，原来爱情从不分国界，不分年龄，甚至还有些不分性别。**

有可能你爱上了一个跟你年纪不相仿的人，也有可能你已经到了外人认为的不适合谈恋爱的年龄，可年龄从不是阻碍爱情的绊脚石，相反，只要一个人心中有爱，对这个世界、对生活、对未来充满希望，就一定会有爱，也可能在任何年纪擦出爱的火花。

也许这个世界上有太多人被爱情所伤，可我们不能因为曾经受了伤就排斥爱情。爱情是人世间最美好的感情之一，也许你回避它，也许你拒绝它，也许你抵触它，可它从不因为个人意志而变坏、变质、变模样。

愿每个人此生都能拥有你想要的爱情。愿你拥有的爱情就是你想要的，更愿你拥有的想要的爱情，能陪你从青丝到白发，从年少到年老。

Contents
目录

第三章　能离开的人，便不算爱人

第四章　一个人的生活，也要好好过

第五章　一个女子最可爱的地方

第六章　给你在乎的人，一些生活仪式感

第一章

我也只有一个一生，
无法慷慨赠予我不爱的人

爱你的人害怕给你的太少；
而不爱你的人就怕你要的太多。

他爱不爱你，看聊天方式就知道

1

昨天朋友给我打电话叙旧，聊天中我们无意间提到了她的男友，于是我就顺便问了他俩的情况。

原本以为她会跟我分享很多幸福的事儿，谁知道她第一句话就说，不知道他最近在忙什么呢，我发微信他老是不回，就算回，也是要等好几个小时，而且回复时惜字如金，都是类似于"嗯"、"啊"、"哦"……

于是我问她，那你们两个谈恋爱，是谁主动联系的多一些？她斩钉截铁地说，当然是我啦，他工作那么忙，哪有时间呢。

我说：就你最傻，谁谈恋爱还女生主动多呢，无论他再忙，若心里有你，也应该是他联系多一些。

她连忙解释道，才不是啊，他说了他现在努力工作是为了我，他说要给我办一场浪漫的婚礼，买一套大房子，还要让我在家只负责貌美如花……于是每次他不理我的时候，我就想着其实他也是为了我们的未来在奋斗嘛。

谈恋爱都没时间，那又何必要谈呢？即便再没时间，真正爱你的人也会见缝插针，就算吃个饭、上个厕所、过趟马路，也要联系你。所谓的"没时间"，只不过是对你没时间而已。

一个总是通过短信、微信、QQ等聊天工具联系你的人，一定是在乎你的人。通常总是主动问"在吗"的人，一定是一段感情里爱得较深的那一个。

常规情况下，如果一个男生不打电话给你，是因为他不想打电话给你，所以相信我，如果一个男生对待你的方式就像毫不在乎一样，那么他真的是完全不在意你；同样的，如果一个人爱你，也一定会主动联系你。

画家陈丹青就曾说，人心里有了爱意，会难受的。

他爱不爱你，看看聊天记录里的对话，谁主动多一些，就知道啦。

2

琴儿和大桥是通过"微信摇一摇"认识的。两个人一个在北方，一个在南方，每天就在微信里聊天、视频对话、发语音，3个月以后，他们决定建立恋爱关系。

我问琴儿，你怎么确定这个人就是你的白马王子啊？她一脸幸福地回答：看他的聊天内容，就知道他爱我。

琴儿说，我们聊天时他从来不问我冷吗，热吗，但对我这里的天气总是了如指掌。

比如中午下雨，他会在早上就提醒你带好伞，而不是问你下雨了吗；雾霾天气时，他会提醒你不要晨跑，监督你带好口罩；气温陡降时，他会早早提醒你戴上手套、围上围巾，还会给你发来如何治愈手脚冰凉的良方。后来我才知道，他在手机里下载了我所在城市的天气预报，每天都关注。

琴儿还说，我们聊天时，如果有 10 句对话，那几乎 10 句都是关于我的。你今天吃什么？去哪里了呀？心情有没有好点？等你想关心他时，他会很自然地转移话题，最后又让你滔滔不绝地说着自己的事儿，而且整个过程，他都用心在听，会让你感到即便你说的是无趣的事儿，在他眼里都趣味无穷。

最后她说，无论我说了什么，他的回复总是比我多，永远都是最后一个结束谈话的人，有一次我们互道晚安，都来来回回说了 10 分钟，他非要自己当最后一个。

其实，爱不爱一个人，真的很明显。**他爱你，就会想要跟你说很多很多话，想要了解你很多很多事儿，即便是吃饭这等小事，也不容错过。**

爱是嘘寒问暖，是知冷知热，是体贴入微，是不由自主地想要时时刻刻关心你，是巨大的怜爱和心疼。

马克思就曾说，唯有爱情和咳嗽无法掩饰。他爱你，聊天内容里就一定都是关于你的话题和记忆。

3

昨天跟一群朋友吃晚饭，我们选了一个在网上评价特别高的农家院子里吃柴火鸡。那个地方很偏僻，而且为了防止顾客手机被偷，老板特意没安插座。我们一行人去了之后手机很快没电，信号也不好，几乎"与世隔绝"了。

这时，桥哥开始各种坐立不安，焦急难耐。他先是出门到处找信号，又就近借用其他人的手机给女朋友发了一条信息，说是在外面吃饭，提前道晚安，害怕待会儿联系不上。可当时才下午两点。

桥哥说，万一待会儿手机没电了，她会担心的。我们都笑他甘愿自曝行踪。其实我们还是挺羡慕她女朋友的，因为桥哥总是站在她的立场着想。

桥哥无论到哪儿，一定会保证手机有电、有网、不欠费。出门在外开个会，也要给女朋友汇报会议大概多久，如果没及时接听她的电话，就是有事在忙，空了以后会立马回复。

在我们看来这是多此一举的做法，因为真没必要担心这么多。即使有特殊情况，事后说明就是。可桥哥不这么想，他说，爱一个人，就不要让她为你担心，不要让她找不到你，即便是 1 个小时也不行。**女孩子，心细又敏感，提前打个电话就可以免去后面她几个小时的胡思乱想。**

听他这么一说，大家都纷纷为他竖起大拇指。

一个真正爱你的人，不会让你被动地去等待，他会站在你的立场去思考问题，即便是聊天这等小事，也不会让你哪怕有一丝顾虑。

真正爱你的人，不会让你担心。

4

爱你的人一定会主动联系你，所谓的太忙、没有时间，其实都是借口，当你爱一个人的时候，时间就会自然而然地多起来。

爱你的人，会对你的一朝一夕、一饭一蔬都很关注，因为在乎，所以想知道。

两个人聊天时，表面看似无聊的对话，其实是彼此之间精神的沟通，因为只有互相欣赏，互相有了爱意，才能聊得下去啊，没有人会把时间浪费在一个不喜欢的人身上，尤其是浪费在稀松平常的琐碎事情上。

作家周国平曾说，看两人是否相爱，一个可靠尺度是看他们是否互相玩味和欣赏。两个相爱者之间必定是常常互相玩味的，而且是不由自主地要玩，越玩越觉得有味。如果有一天觉得索然无味，毫无玩兴，爱就荡然无存了。

面对你爱的人，有时候，一句一句"在吗，在，我想你了，我也是"也可以说上整整一天。甚至是发微信表情包，也可以斗图斗一天，可谓乐此不疲。

最后，爱一个人，会从内心深处不由自主地为对方考虑。即便是聊天时，也不会无故缺席任何一次对话。**爱是一个问，一个答，在问问答答间，在交流沟通中，在你想我念里，不断加深彼此的感情。**

他爱不爱你，看聊天方式就能知道，那些开头是"你"、中间是"你"、结尾还是"你"的对话里，一定藏着深深的爱意，绵延不断，暖至心间。

写于 2016.11.7

微信的这三种功能，最见人心

1

朋友小韩最近暗恋她们公司里新来的一个男同事。她总是帮他买早饭，擦办公桌，还买来绿植放在他的电脑旁。久而久之，全公司的人都知道了，但那个男同事一直装作不知道。

有一次中午她叫了外卖，故意说没带钱，让他帮她微信支付，然后就顺理成章地加了他的微信。

这之后，小韩总是会找一些特别一点的新闻和文章跟他分享，而每次他都只是淡定地回一句：谢谢。

直到有一次，她正在玩手机，发现他发来了一条微信消息：在吗？她当时真是激动得要疯了，暗自想着，夜深人静时，难道他是因为想我？

小韩一边在心里翻江倒海般地想象如何优雅、大气又矜持地回复他，一边屏住了呼吸生怕打错一个字，可正在编辑信息时，突然发现，对话框里一条灰色的杠上写着：对方撤回了一条消息。

当时她的心情如同坐过山车，突然从山顶毫无准备地直冲入山底。可她还是不甘心啊，万一他有什么心里话想要跟我表白呢？

于是又厚着脸皮问他，这么晚还不睡，你有什么事吗？

对方隔了至少有一个小时，才回复两个字：没事。

在这之后，这位男同事经常会搞这样的"恶作剧"，有时候发来信息，让你兴奋不已，但简单聊了几句，又突然人间蒸发。

更狠的时候，你明明很忙，已经被他打扰了，准备放下手里的事儿安心跟他聊天，他居然又会说一句"对不起，打扰了"，让你生气都找不到北。

小韩说这种"对方撤回了一条消息"的功能，彻底让她对他死心了。她说，想要联系你的人，不会犹豫不决。想要跟你聊天的人，一定会主动开口。真正在乎你的人，不会只因自己突然不想说了，就把你晾在一边。

2

佩佩是我的高中同学，高中毕业以后我们就很少联系了，但我总是会通过她每日所发的朋友圈，了解到这些年她生活里的点点滴滴。

当时我们玩得好的几个女生，都喜欢给彼此发的朋友圈点赞，虽然有时候佩佩发的文字词不达意，但我们还是会经常给她点赞。

有时候，给别人点赞根本不需要那么多理由，也许我只是喜欢你这个人，所以我赞的也是你这个人啊。

佩佩说最让人伤心的就是，其中有个同学小肖，有一次点赞和评论以后，隔了两天，再去取消点赞和删除评论。

虽然佩佩不是那么斤斤计较的人，也不是玻璃心，取消点赞可以理解为是她手滑不小心又按了一次，但删除评论可是要先主动点击"删除"，才能手滑点"确认"啊。

后来我们才知道原来真是小肖故意的，她看不惯佩佩每天在朋友圈炫耀买了那么多漂亮的新衣服，于是心生妒意。

可是你早都已经点赞和评论了啊，为什么还要此地无银三百两？

别人发的朋友圈，你点赞和评论与否，其实真说明不了什么，你不点赞不评论不代表你们的关系不够好。

但你赞了以后又故意取消，你评论以后又删除，这样的行为却明显会让朋友之间心生芥蒂。

有时候，建立一段友情需要很久，需要彼此有很多共同的语言、话题，甚至是相同的价值观，尤其是学生时代的友谊更难能可贵。

但摧毁一段友情，也许就是一个取消点赞和删除评论的小行为。

3

安安和周哥曾经是一对关系很好的恋人，两个人都已经见了双方父母，准备过年回家就结婚。可是后来，周哥却因为安安在朋友圈秀恩爱的照片，意外地跟她分了手。

原来安安特别喜欢发朋友圈，几乎是一日三餐加上早午晚安，少一条都不行，但她唯独不发和周哥秀恩爱的照片，有一次安安把周哥带出去见朋友，大家才知道她恋爱了。

那次之后，周哥其实很想让她在朋友圈发一张秀恩爱的照片，因为安安人美，身材也好，追她的男生一大把。

周哥倒不是因为吃醋，而是不想她再接受很多无谓的骚扰。他好不容易做通了她的思想工作，让她决定发一张两个人的合照。那天周哥在朋友圈看到安安发的照片，特别兴奋，毕竟以后再也不用担心，安安被误认为单身了。

直到有一次，周哥碰上他们共同的一位朋友，这位朋友说，他现在正追求安安。周哥很诧异，这不是抢朋友之妻吗？安安朋友圈已经说明了谁才是正牌男友啊。但看朋友一脸无知的样儿，他隐约觉得事情不对劲儿。

于是，他找了一个理由，翻看朋友的朋友圈，当他进入安安的朋友圈时，居然没发现那一条秀恩爱的信息。

他立刻打了很多电话，拐弯抹角地找到很多与安安共同的朋友询问，这才发现，原来大家都没收到这条信息，而且安安在那一层朋友圈发的"单身感言"比较多，这些信息，他一条都没看到过。

有多少恋爱中的人，骑驴找马找备胎。那些已经有男女朋友的人，平常发朋友圈，如果是秀恩爱的图片就会设置一个"分组可见"，当 ta 看到以后，心中暗暗窃喜，最后才发现，原来所谓的秀恩爱是秀给 ta 一个人看的。

而当他们秀单身状态的照片时，ta 就被设置为"分组不可见"。所有人都知道你单身，唯独 ta 不知道。

4

有人说微信朋友圈拉近了很多人的关系，让陌生人成为朋友，让朋友成为恋人，让恋人成为亲人。

但同时，微信朋友圈也会让这个顺序颠倒过来，多少人因为对方撤回一条消息、取消点赞和删除评论、设置分组不可见这三件事，把一个人的品行和对自己的感情看清楚，多少人从曾经的置顶聊天到如今静躺在对方的黑名单中。

那些被撤回的消息，也许是没有想好，也许是打错了字，也许是发错了人，但真实原因是否真如此简单？

你撤回的是一条看似普通的消息，但你永远撤不回的是你在这条消息里所表现出的一些微小却特别伤人的含义。

那些取消点赞和删除评论的消息，看似无关紧要，但意义明显无疑。你刚点赞了，但你又取消了，别说是你手滑，那其实证明你并不想赞。

你赞了以后又收回来，就如泼出去的水，永远不可能原封不动地收回别人对你的好感。

那些分组可见与不可见的功能，原本是没有任何错的，但当你想要耍花招，想要掩耳盗铃，想要同时收获恋爱和单身所带来的好处时，这些功能用起来就特别可怕了。

与其说微信只是一个娱乐工具，不如说它也是真实的朋友圈。

在这里，你不能像小孩子"过家家"一样，当你与别人友好时，就给别人"点赞，示好，求关注"；当你想要退出游戏时，你就"撤回，取消，又删除"。

其实无论在哪里，别人都可以从某些细节和小事上看清你的为人，在微信上，也不例外。

写于 2016.11.30

你发的朋友圈里，藏着你的生活态度

1

今天早晨一上班，就发现办公室桌上有一支玫瑰果油润唇膏，我拿起来看，感觉似曾相识，想了想，怎么跟昨晚欢姐在朋友圈发的自制唇膏的图片一样呢？后来才知道，欢姐利用下班时间研究了两个多月，终于赶在干燥的冬季给大家福利了。

在众多人发的朋友圈里，我特别喜欢看欢姐的，**因为她的朋友圈里总是能让你发现一种美好、乐观、向上的生活态度。**

欢姐今年 30 岁，依旧单身。跟那些 20 岁出头就愁嫁，在朋友圈各种秀孤单、秀可怜的姑娘相比，欢姐的朋友圈内容丰富，新鲜又充实。

前两天过万圣节，她把种在自家阳台上的南瓜摘下，挖下南瓜心用来熬粥，再将空心的南瓜皮刻成一个很特别的造型，然后在中心放上蜡烛当台灯，晚上戴着自制的面具，自娱自乐，不花一分钱，也把节日过得快快乐乐，有滋有味。跟那些唠叨没人陪过节日的姑娘相比，她的朋友圈总是充满乐趣和生机。

就在上周末，她还专门去宜家买了几个透明的小罐罐，在清晨跑完步回家后，在罐子里面蒸上淡黄色的鸡蛋羹，然后在上面放上几片绿色的芹菜叶，旁边配上红色果皮的苹果片，最后把它们放在一个精致的餐盘里当早餐，在吃之前拍了一张照片发朋友圈，让你一大早起床看到这样的图片就会心生美好。

跟那些一到周末就睡到大中午才醒，醒来发几张睡眼惺忪、一脸疲倦困顿带有起床气的照片相比，**欢姐的朋友圈不仅好看，还代表着一种截然不同的生活态度。**

总有人说朋友圈是个虚假的秀场，但我看并不是。欢姐所发的这些图片，跟她在现实生活里的真实样子并无二致。

2

昨晚我对一个微信好友设置了"不看她的朋友圈"，这个人是我在商场办理会员卡时加的工作人员。

为什么我要这样做呢？**因为在她的朋友圈里，我总是看到一种不好的、抱怨的、消极的生活态度。**

比如她的朋友圈几乎都是这样的内容：

停电没网，发怒。周末加班，好烦。催交房租，焦虑。跟人吵架，无语。当然，后面都配有微信表情。

一个总是在朋友圈发一些消极图片和文字的人，她的生活也不会好到哪里去，至少是生活态度不够好。

那些经常发些伤疤照、流血照、受伤照的人呢，还不如那些发自拍照用美图秀秀修饰的人，因为前者表达的是一种消极的态度，而后者无论你是否喜欢，至少感官上不会让你有坏情绪。

某种程度上，你发的朋友圈，就代表着你的生活态度。一个热爱生活的人，他的朋友圈一定是充满快乐、充满情趣的。一个消极厌世的人，他的朋友圈会几乎全是负面信息。

朋友圈不仅只是一个娱乐工具，其实真实地反映了你的生活态度。你偶尔发的正面信息，也许并不代表你就是一个乐观的人。但你经常发这类美好的消息，就说明你的生活态度不会差到哪里去。

不要怀疑别人装，一个人若能总是分享美好、有趣的消息，这样装一辈子，也代表一种积极的人生态度啊。

3

今年中秋，我、小玉还有大林收到 A 同学带给我们的她去云南买的火腿月饼，听说非常正宗，味道好极了。

中秋那晚我们各自拿回家后，我打开月饼正要吃，发现月饼面上有几处白点，仔细一看才知道发了霉。我的第一反应是 A 同学一定是不小心买了过期货。

本想用微信提醒小玉和大林不要吃，结果一点开看到小玉发了一条微信朋友圈，配的图片正是这个发霉的月饼，然后发了这样一句话：A 同学自己不想吃的发霉月饼，当作顺水人情送给我吃，害人不害己啊。

而几乎在同时，大林也同样发了一张发霉的月饼图，但把发霉的地方用图片做了处理，把发霉处掩藏了起来，文字写道：**感谢 A 同学的礼物，这个中秋有你的月饼、你的祝福，也有你的友谊。**

后来我连忙打了电话给大林，想赶快提醒她。大林却说，她一打开就发现月饼有问题，但她的第一反应却是，这月饼一定很少放防腐剂，所以才发了霉，是地道的好东西啊。

整个通话中，大林表现出的对此事的态度和看法，让你不得不佩服，原来同样一件事，不同的人用不同的生活态度来看待，产生的结果和心情是不一样的。

积极的人，总是会在不好的事物里发现积极的一面。消极的人，即便在好的事物里也会挑出不好的一面。

那些总是在朋友圈发美好事物的人，并不一定代表他们的生活真的如天堂般美好，但即便不如意，他们也能在不好的地方努力发现生活最美丽的一面。

4

小蓝是我的初中同学，她总是喜欢夸大自己生活里不好的一面，然后极力掩饰自己过得好的一面。

她这种消极的生活态度也在她的微信朋友圈淋漓尽致地展现了出来。

比如上个月我们一起去爬山，途中她不小心摔了一跤，脚踝有些扭伤，但她立马拿出手机拍了一张躺在地上的看起来非常难受的照片，然后发朋友圈说，今天爬山运气差，腿都摔骨折了。消息发了以后，博得大家的关心，她非常开心。

上个月因为工作出色，小蓝被评为当月的销售小明星。领导让人事部多给她发了1000元的奖励。原本是一件开心的事儿，结果她立马把这1000元的现金照了一张照片，发图发文说，加了一个月班，领导才给这么点儿加班费。

其实她加班，业绩提上去，领导给她实实在在算了提成的，这1000元是额外又给的奖励，她却不知感恩，反而怪钱给的少。

有时候你在朋友圈看到那些不好的信息，其实并不代表他们真正过的就是非常糟糕的生活，而是他们用一种不好的心态去面对生活。所以，时间一长，常常发这类抱怨消息的人，也就真的过得不好了，因为一个人过得好不好，其实跟物质条件没关系，而是跟你的生活态度有关系。

5

你的朋友圈，其实就是一个真实的你的写照。

对于那些被当下很多人排斥的喜欢发鸡汤文、发健康信息、秀恩爱的人，我从不觉得他们是在秀，在演，在作。

我反而觉得朋友圈其实只是一个人日常生活的一个记录，那些在朋友圈看似过得很好的人，也许生活处处碰壁，有不如意，但他们喜欢挑好的一面给别人看，生活态度一定是美好的。

曾经有一篇文章带有讽刺意味地写，愿你的朋友圈跟你的真实生活一样美好。其实我反而认为，无论你的真实生活过得怎么样，但有一个好心情，有一个积极、乐观的生活态度，在朋友圈给大家分享的都是美好的东西，那我就认为你这个人一定过得很好。

人过得好不好，物质条件说了不算，你对生活的态度说了才算。你的态度是阳光的，日子怎么过都是灿烂的；你的态度是灰暗的，日子怎么过都了无生趣。

你发的朋友圈，不一定藏着你的真实生活，但一定藏着你的生活态度。

写于 2016.11.03

爱情的最高境界就是这两个字

1

昨天在回家的班车上，又碰上一对可爱的老爷爷和老婆婆。两人上了车刚好坐在我旁边并列的位置上。汽车还没启动，老爷爷从包里慢悠悠地掏出一个白色食品袋，里面装了几块小月饼。他问老婆婆，你吃不吃，饿了我给你一块。老婆婆说，你吃吧，我不饿。

老爷爷原本拿了一块在手里，听老婆婆这么一说，就把它放回了口袋里。两人再没说话，一直在那里安静地坐着。

车子开了不到 20 分钟，老婆婆听到老爷爷的肚子咕噜咕噜地响，就连忙让他吃一块月饼。老爷爷说，你吃我才吃。

于是，两人就开始吃起了月饼，老爷爷吃的是口袋里月饼残留的碎渣儿，却把整块月饼都给老婆婆吃。

原来老爷爷肚子早就饿了，他不吃是想把月饼留着，害怕老婆婆在路上肚子饿了，没有吃的。

看着两位白发苍苍的老人，似乎懂得了，爱情的最高境界就是一个人心疼你的样子。爱就像一块月饼，他愿意把完整的饼给你吃，就是愿意把完整的爱都给你。

2

有一次在一个面馆吃饭，来了一对夫妻，看他们手里拿着的头盔和全身的穿着，应该是附近建筑工地的民工。他们有说有笑地坐了下来，然后点了两碗海鲜面，其他的小吃都没要。

等了大概几分钟，面上来了，妻子一边用筷子挑面，一边把碗里的虾仁一颗一颗地挑出来，放在丈夫碗里。虽然那点小虾仁对于干体力活的人来说，真是起不到任何作用，可那一刻特别让我感动。

这让我想起了有一次在机场吃面的另一对夫妻。那天我走进了一家康师傅面馆，点了一碗牛肉面。这对夫妻早在我到的时候就点好了，都吃酸菜面。谁知道由于那天店里的服务人员粗心，上了一碗酸菜面，还有一碗是炸酱面。

于是他们要求服务员重新拿回去换一碗，而面前的这一碗丈夫直接就摆在了自己面前，拿起筷子就吃。这时候他妻子有些不高兴地说，就你一个人饿啊，怎么你一个人就要先吃。他老公说，你着急什么呢，马上就来了，然后大口大口地吃起了面。

是啊，面马上就来了，为什么丈夫你就没想到把面留给妻子吃？是啊，面马上就来了，为什么妻子你就不愿意先让丈夫填饱肚子？

也许很多人看了这个故事，都觉得丈夫不够爱妻子，可在我看来，两个人都不够爱对方。丈夫若心里有妻子，就不会端着面只想着自己。而妻子若心里有丈夫，就不会去计较谁先吃。

同样是一碗面，小餐馆的面值 8 块，机场的面值 45 块。可即便后者的价格再贵，也不及前者更充满爱意。

爱一个人也许不能给 ta 最贵的东西，但你一定愿意把自己所拥有的最好的东西第一时间留给 ta。爱是一种心疼，当你越心疼一个人的时候，你就越爱一个人，因为只有心疼才是发自内心最真实的感受。

3

欣欣的老公在两人恋爱的时候最喜欢吃一道菜，就是回锅肉，而且平日最喜欢吃炒的菜。可自从两人结了婚以后，她老公就突然说吃腻了回锅肉，如今喜欢吃清淡一点的饭菜，就让欣欣多做些炖、蒸、煮的菜。

但奇怪的是，只要两人出门吃饭，他点的菜除了欣欣爱吃的，其他就是炒菜。这让欣欣纳闷儿了，问他，你是嫌我在家里做的不好吃吗？

他老公连忙解释道，这不是怕你麻烦嘛，还害怕伤着你。原来欣欣不是特别会做饭，从小在家娇生惯养，厨房也没进过几次。自从结了婚，她下班的时间又比老公早，于是就经常先于老公回家做饭。有一次她不小心买了注水的猪肉回来，炒肉的时候，肉就在锅里爆了，把她的手上烫了几个小泡，这可让她老公心疼了很久。

有时候炒菜火候掌握不准，火太大，油开得太厉害，菜一下去，就容易糊锅，还会锅底起火，欣欣又特别胆小，一见起火就怕。

原来她老公所有的小心思，都是因为心疼她。

爱一个人才会设身处地地站在她的立场想问题。世界上其实从没有自私的爱情，只有不够喜欢的爱情。当你足够爱一个人的时候，你就会情不自禁地心疼她。

周国平曾说，爱一个人，就是心疼一个人，爱得深了，潜在的父性和母性必然会参加进来。只是迷恋，并不是心疼，这样的爱还只是停留在感官上，没有深入到心窝里，往往不能持久。

4

看过一个韩国纪录片《亲爱的，不要跨过那条江》，讲述一位98岁的老爷爷跟一位89岁的老奶奶坚守几十年的爱情。

其中有几个细节特别能体现爱情里由心发出的心疼：

奶奶晚上起夜上厕所，拉着爷爷站在房门外，她说，你千万不要走开哦，我会害怕的，你给我唱歌啊。爷爷就清清嗓子，大冬天的夜晚，对着厚厚的积雪，在厕所外给老奶奶唱着温暖人心的情歌。

老奶奶年轻的时候没保护好腿，如今得了关节炎，每到下雨天腿就疼。她跟爷爷坐在院子里，刚说一句，我膝盖好疼，爷爷便立刻弯下身子帮奶奶吹吹膝盖。

爷爷病倒在床上，估计快不行了，老奶奶含着泪搬出整理好的衣服，一件一件塞进火膛：你走了以后，我给你烧几件衣服，一次烧得不能太多，因为你分不清哪些是冬天的衣服，哪些是夏天的衣服，我要给你整理好才行。

一个人爱你的样子，大概就是心疼你的样子吧。

5

其实世界上所有对你好的人，包括呵护你、关心你、在乎你的人，并不是他们本来就很细心，很体贴，很温柔，而是遇见了一个自己真正爱的人，不由自主地就想要把最好的一切都给你。

你挤个公交车，他生怕你被人推了踩了。你加一点平常小班，他都为你打抱不平。你外出旅行，他害怕你磕着绊着。

最爱你的人，也许不是在嘴里说出我爱你的这个人，而是在无数生活细节里心疼你的那个人。他会莫名地为你付出，心疼你的不易，心疼你的奔波，心疼你的一切。开始心疼一个人的时候，爱其实就偷偷住进了他的心里。

爱你的人总是心疼你，总是害怕给你的太少。

而不爱你的人就怕你要的太多。

爱你的人总是心疼你，无论你做任何事，都会为你担心，惦记你，为你考虑，生怕你受了什么委屈，吃了什么亏，犯了什么错。

而一个不爱你的人呢，会觉得你天不怕地不怕，像是一个女超人，什么都会，什么都不用人操心，甚至从未在心里为你做过一丝考虑。

其实最高境界的爱情就是这两个字：心疼。你总想要照顾她，安慰她，保护她，甚至是心里默默地为她担心着一切，你总是想要把她捧在手心，好好宠爱。

写于 2016.9.19

爱是不设前提的宽容和没有理由的心疼

1

上周末下午，我拖着笨重的行李箱来到山村里的宾馆，准备开始为期一周的封闭式培训。A 姐是我的同事，在没来这儿之前，我俩就约好一定要住在一个房间。

她中午就早早打来电话，说把房卡留在总台了，让我到了以后自己去取。她老公送她来这儿，害怕她一个人先来很孤单，于是准备陪她在附近的一个景点划船品茗，等我来了之后再离开。

进了房间，我简单地收拾一下，然后躺在床上，静静地等她回来。

其实 A 姐也是不惑之年了，工作能力非常出色，也是一个好强的人。按理说，这么一个培训，短短几天，不应该像生离死别一样黏着她老公。

她对我说，她老公害怕她在这四五个小时中无聊、孤单，害怕她没人陪。当我知道他们已经结婚十七年，小孩今年都已经初中毕业时，那流淌在心底的幸福的感觉，压抑住了一个人来这里的孤独和漂泊心情。

这让我想起了周国平老师的那句话：爱是没有理由的心疼和不设前提的宽容。

2

晚上我们在一起聊天，她开始给我聊她和她老公的事情。

这么多年，人前她是个女强人，人后谁都不知道她居然还是她老公心目中当年那个17岁的少女。

他们从恋爱到结婚，她老公总以她根本学不会为理由帮她做任何他能做到的事，也会找到各种理由原谅她的小任性和小脾气。

所以，大到家庭的财务收支和人情世故，小到她自己用的卫生棉，都是她老公一手操办，这么多年一直如此。

那时候，他们刚开始谈恋爱，跟父母住在一起，晚上他总会把洗脚水端到她面前，给她搓脚，有时候找不到擦脚帕，他会直接把她抱到寝室去。

她公公婆婆看见后，私下就给儿子说，哪有这么宠媳妇的？

他老公说，她为了嫁给我，一个人背井离乡，我不心疼她，谁心疼她，不就是洗个脚吗？她是我媳妇，我为什么就不可以给她洗？直到现在，他也会在她疲惫不堪的时候，帮她泡泡脚。

两人下班后，如果她先到家，也只会用电饭煲把饭做好，等他回来做菜。A姐说，她老公做菜特别好吃，就愿意一辈子吃他做的菜。

有时候她主动做，他不让，口里说是嫌弃她做的不好吃，其实是害怕她累着。

有很多次，当他在炒菜的时候，她从沙发上跳起来，偷偷溜进厨房，从背后一把抱住他，撒撒娇，他总是说，赶快出去，油烟这么大，小心鼻炎又犯了。

A姐说，**其实男人也是需要哄的**，虽然他假装很生气，可是看得出来，**他很开心**。

这几年，她老公长了大肚腩，所以她现在双手根本就没法从背后将老公完全抱住了，但是她依旧爱抱着他时的那种感觉。

他们最艰难的那段日子，她把身上唯一剩下的100多块钱，也给招聘市场的骗子骗走了。他没责怪她，而是安慰她钱还可以挣，工作也会有的，不用太着急。

其实当穷得揭不开锅的时候，他真的比谁都着急，也知道那100多块是全部家当，但他不想让她担心和害怕。

他知道她身上所有的坏毛病，各种不好的脾气，但还是毫无理由地让着她，也都能原谅她。无论她怎么折腾，怎么任性，他总是一而再再而三地让步，所以很多原本设置好的底线，都不攻自破。

当一个人爱你的时候，他会没有理由地心疼你，也会毫无原则地宽容你。

3

院子里的刘婆婆，每次到她儿子家，不超过三天就一定要闹着回家。她儿子问她，为什么要急着回来，是不是媳妇对她不好？刘婆婆说不是不好，而是担心家里的老头子。担心她走了以后，没人给老头子做饭，洗衣服，没人陪他聊天，也没人督促他少抽烟，等等，多待上一天，她都心急如焚。

结果儿子抽空把她送回了家，发现老爸不是好好的嘛，自己做的饭菜比刘婆婆做的还可口，衣服也是洗得白白净净，晾晒在阳台，而且家里来了一帮老爸年轻时候的战友，坐在一起喝茶聊天呢。

可刘婆婆非得说，她不在的三天，老头子看起来瘦了一圈，衣服估计中途就没换洗过，也是刚好凑巧才有人陪老头子玩儿。

当你深爱一个人的时候，你会那么心疼 ta，你会把自己当成 ta 生命里不可或缺的角色，你会自动开启保护模式，不让 ta 受伤，不让 ta 害怕，不让 ta 离开你的照顾和关怀。

4

听过很多女性读者给我分享她们的痛苦恋爱故事，其实有时候我并不会帮她们分析太多，原因也许只有一个，那就是不够爱。

当你手上不小心划了一个小口，爱你的人即便会大声粗气地吼你：这么大的人了，怎么这么不小心？同时也会从抽屉里拿出邦迪立刻为你包扎。

当你任性地发着脾气让他走时，他真的会走。但走了以后，他永远会回来，因为他舍不得你难过，舍不得你流泪，他知道你虽然嘴硬但心软。

一个人若爱你，你遇到的小事儿，在他眼里都是天大的事儿。你暂时没遇到的小问题，在他眼里也是要防范于未然的大问题。

在他眼里，你所有的缺点，都被他无限缩小；你所有的优点，都会被他无限放大。他会无理由地心疼你，也会不设前提地宽容你。

5

其实很多事情上，女孩子不是非得要人心疼。你晚上怕黑，可以开灯。你要出门，可以打车。你要搬家，可以请搬家公司。你要吃剁椒鱼头，可以到楼下的餐馆。

很多很多事，原本你一个人可以做，原本你不会那么脆弱，原本那也算不了什么事儿。

可遇见那个他之后，你知道有个人会无理由地心疼你，也会不设前提地宽容你。所以你宁愿一辈子也学不会那么坚强，那么不需要人疼。

爱怕失去，所以会特别在乎。当一个人在乎你、爱你，以至于离不开你时，就会给你没有理由的心疼和不设前提的宽容。

真心疼你的人，会一直疼下去，不愿疼你的人，可以在你身上随便找个理由，离开你，然后转身把所有的宠爱给别的人。

对方犯了错，你无法原谅，转而离开，那是喜欢。对方犯了错，你却艰辛地原谅了，又继续在一起，这是爱。

爱就是：没有理由地心疼和不设前提地宽容。

写于 2016.7.19

爱，就是跟你做很多无聊的事

1

傻瓜和笨蛋，是我的两个朋友，这个称呼也是他们彼此给对方的昵称。他们在上海的郊区租了一套45平方的小户型房，每个月的日子过得紧巴巴的。平时忙于上班，周末两个人就宅在家里。

笨蛋喜欢看电影，为了节约钱消磨时间，傻瓜就为她买了一个投影仪，只需要跟家里的wifi连网，把仪器放在白色的墙壁上，关上灯，就可以模拟电影院的场景。

每当周六晚上，他们都会去买上2斤卤鸡脚卤猪蹄，再来几听啤酒和可乐，在夜幕降临时，两个人就依偎在一个破旧的小沙发上，一边吃一边看电影，有说有笑又吵又闹的，这享受的级别不亚于在超级大影院里，吃着爆米花，看巨幕首映的感觉。

有时候屏幕效果不佳，有时候剧情不走心，甚至有时候两个人就傻傻地盯着前方，毫无表情和语言，可就是这样一种看似无聊至极的看电影时光，两个人都乐在其中。

傻瓜是个吃货，喜欢美食。于是两个人经常早早起床步行3

公里到附近的菜市场买菜。

　　到了菜市场后，笨蛋就拿出手里的书念菜谱，傻瓜就按照菜谱所需的配料选菜。回家以后，笨蛋负责洗菜切菜，傻瓜负责淘米做饭，饭后两个人用剪刀石头布的方式决定谁洗碗、谁拖地。一顿看似平平淡淡的粗茶淡饭，却让这对情侣过得如此惬意和有趣。

　　张小娴说，恋人之间总会说很多无聊的话，做很多无聊事，幸福就是有一个人陪你无聊，难的是你们两个都不觉得无聊。

　　当你爱一个人的时候，即便在一起过最无聊的生活，吃最普通的饭，住最普通的房，看最普通的电影，也自得其乐。

　　因为爱你，所以跟你在一起，做什么都不觉无聊。

2

　　我家单元楼里的田叔叔比王阿姨大整整 10 岁，可这并不影响两夫妻之间的沟通和交流。今年田叔叔年满 60 岁，结束了机关单位的职务，终于闲下来跟王阿姨过上了退休生活。

　　每个清晨，他们会去河边，他钓鱼，她刺十字绣。两个人通常就这样坐在两个折叠小凳子上，各干各的事。一两个小时不说一句话，也是常有的事。

　　其实往往到了回城的时候，田大叔一条鱼也没钓上，而王阿姨呢，也没绣几针，可就是在这样看似虚度的时光里，他们平淡携手，不急不躁，不慌不忙地过着幸福的小日子。

　　每天午后，田叔叔和王阿姨就会慢悠悠地骑着他们的自行车到郊外的湿地公园，锻炼身体，赏赏景。一路上，两个人天南地北说些无聊的话，论些家长里短。

到了晚上，田叔叔就戴着他的老花眼镜在客厅的老年椅上看看报纸，而王阿姨呢，就在一旁安静地织毛衣，有时候毛线打了结，田叔叔就过来帮忙拆线卷线。

两个人的退休生活从早到晚，几乎就是在无数个看似无聊无趣的日子里度过的，可彼此在一起的时候，无论做什么事，说什么话，都觉得这么美好、自然、幸福。

电影《阿甘正传》里曾说，人的一生都会花很多时间在无聊的事上。尤其是平凡人的日常生活，并无那么多光鲜亮丽的大日子，反而是生活在琐碎繁杂的无聊小事中。

可真正的爱就是在一大堆无聊的时间、无聊的事情中，跟所爱的人，将无聊的日子变得有趣且充实。

3

朋友大暖跟男友是一对异地恋人，经常泡在电话里。

他们的对话内容无非是外出时的夺命连环 call，是看天气预报的冷暖，是一日三餐有没有按时吃饭，吃得好不好，是睡了没睡、醒了没醒的早晚安，是你好吗、你累吗、你倦吗的无声关怀……

可就在这些无聊的对话中，两个人的感情却日渐增长。大暖说跟他聊天时，时间总是过得如此快，虽然只是你一句、我一句类似于斗嘴的无聊谈话，却让彼此觉得在谈一场轰轰烈烈的恋爱、说无数动人的情话。

到了周末有机会见面时，他们也没干什么浪漫的事儿。两个人常常走到附近的大学校园里，背对着背坐在操场一角看看书，累了乏了，就躺在草地上，闭上眼睛晒晒太阳。

这让我想起了顾城的那首诗：

草在结它的种子，
风在摇它的叶子，
我们站着，
不说话，
就十分美好。

有时候是大暖窝在家里的沙发上看电视剧，而他盘腿坐在榻榻米上打他的游戏，到了饭点饿了的时候才想起去吃饭。可即便是这样消磨无聊的时光，大暖也觉得跟他在一起就是说不出的开心和快乐。

大暖说：我其实不喜欢异地恋，但我喜欢他呀。我其实不喜欢浪费时间来聊天，但他喜欢聊啊。我其实并不喜欢做那些无聊的事，但只要有他在，干什么都行。

我想所谓的爱，大概就是这个样子，你跟一个人在一起，无论说什么话，做什么事，无论发呆生气，还是吵闹不吭声，无论怎么闹腾，怎么安静，怎么无声和无息，都不会感到无聊和无趣，因为有趣的日子是因为他才有趣，只要有心爱的人在，又怎么会觉得日子无聊呢？

4

有一部电影的台词这样写道：原本我是打算做到能买下南太平洋的一座无人岛为止的，后来我遇到了一个女人，所以换了一个梦想，想和我的女人结婚生子，过和别人一样的生活。

和别人一样的生活，无非就是饱含柴米油盐酱醋茶的日子，无非就是磕磕绊绊、琐琐碎碎的日子，无非就是无数个重复且毫无新意的日子。

可因为你的心中有爱，即便太阳底下并无新鲜事，即便日子就是一朝一夕的反复，你跟他在一起，也并不觉得日子过得无聊。

我们都曾以为最好的爱，就是跟一个人出入高档餐厅吃西餐，入住豪华别墅赏海景，跑到天涯海角许诺言，其实真正的爱，从来都是在细水长流的平凡日子里，能抵得过似水流年和平常琐事对彼此感情的侵蚀。

这让我想起了诗人李元盛的一首诗《我想和你虚度时光》：

我想和你虚度时光，比如低头看鱼

比如把茶杯留在桌子上，离开

浪费它们好看的阴影

我还想连落日一起浪费，比如散步

一直消磨到星光满天

我还要浪费风起的时候

坐在走廊发呆，直到你眼中乌云

全部被吹到窗外

我已经虚度了世界，它经过我

疲倦，又像从未被爱过

但是明天我还要这样，虚度

满目的花草，生活应该像它们一样美好

一样无意义，像被虚度的电影

那些绝望的爱和赴死

为我们带来短暂的沉默

我想和你互相浪费

一起虚度短的沉默，长的无意义

一起消磨精致而苍老的宇宙

比如靠在栏杆上，低头看水的镜子

直到所有被虚度的事物

在我们身后，长出薄薄的翅膀

我想最深的爱，大抵就是这样：只要在我身边的人是你，无论在怎样的环境下，无论在怎样的际遇里，无论身处泥沼还是鲜花中，跟你在一起做什么，我都愿意，我都乐此不疲，我都生死相随，不无聊，不厌倦，不疲惫。

写于 2016.10.24

不是我脾气好，而是你太重要

1

朋友秀儿脾气一直不太好，易怒又爱闹，特别作，关键是你给她"台阶"下，她也要高姿态地让你扶着她下来。于是谈了这么多男朋友，没有谁受得了她的坏脾气。

直到如今她的新男友大伟的出现，这才让我们感慨，她真是狗屎运太好，居然有人受得了她。

比如她总是一言不合就闹分手，有一次两个人因为周末看哪一场电影而争执起来。

她选的电影在晚上 11 点以后才放映，结束以后就很晚了，大伟不想影响她的睡眠，答应她明天白天再陪她来。

可她就是不肯，责怪他就是不愿意陪她熬夜，可他说我经常失眠每晚 2 点才睡，怎么可能怕熬夜，是怕你休息不好，皮肤会变差，对身体也不好。

可秀儿就是不听，直接把一个小事情上升到"你不爱我"的高度。后来她又说了很多伤感情的话，他本打算转头就走，因为他最受不了女生的一个坏毛病就是动不动提分手。

可眼见她真生气了，脸已经气得通红，他又突然深呼吸了几口气，默默地到收银台去买了两张票，然后对她说，下次再说分手，我就不理你了。

说这话时，明显看出他是用了多么大的爱来压抑心中的怒火。但看着女友站在寒风中直哆嗦，他不自觉地就把她的手捧起拿到嘴边呵暖气，压根儿忘了她刚才把自己气得半死。

秀儿说，这样的例子比比皆是。

那些迁就你的人，不是没有脾气，而是舍不得离开你。让着你的人，不是因为笨，而是在乎你。宽容你的人，不是因为大度，而是对你无法小气。

亦舒曾说，我也只有一个一生，无法慷慨赠予我不爱的人。

没有谁是天生的好脾气，不过是因为你太重要，就会毫无底线地宽容你和不设前提地心疼你。

2

张姨的老公是出了名的有大男子主义情结的人，回家就衣来伸手，饭来张口，有好几次家里的电表上没钱都停电了，也非要等到张姨回家再充费。家里所有琐碎杂事几乎全由张姨一个人担待。

张姨在退休以前，可是单位里的老干部，从来都是说一不二，说话做事非常有原则，你看她工作中的状态，绝不会是如今家庭主妇的样子。

有一次家里来了客人，他大声嚷嚷着：老婆子，给我再盛一碗饭来。一会儿要打酒，一会儿要吃花生米，十足在挑战张姨的耐性。

以前张姨也曾为了这些事不知道跟他闹了多少回，每次她跟他说好下次不准在别人面前"挂羊头卖狗肉"，她绝不配合。可每次一遇到这样的情况，张姨还是人前脾气特别好，人后再慢慢算账。

张姨说，算了这么多年账，要真是让他给，他可给不起呢。我夸她脾气真好，她说哪有脾气好，不过是他也对我脾气好而已。只是表达的方式不一样。

虽然张姨在众人面前像是吃了亏，可她也做过一些特别闹心的事，比如有一次她把家里的很大一部分钱拿来买了 5 年后一次性结算的商业保险。当时家里要装修急用钱，当老公知道后，并没有大发雷霆，而是先安慰她，最后想了其他办法应急，后来这个事情就再也没对张姨提过，害怕她自责。

张姨说，老公也是一个暴脾气，不过对她私底下也特别没脾气，人都是相互的嘛，有时候也就不跟他计较那么多了。

一个对你脾气好，愿意忍受你的坏脾气、臭毛病和小任性的人，是因为爱你，所以知道你的软肋，依旧愿意忍住脾气，给你盔甲。

不是因为他们真的那么好，只是你对他们来说，太重要。

3

我曾经看过一对 60 多岁的老夫妻，老婆婆脾气跟身体一样都特别不好，经常有个小毛病之类的就要去医院。

老爷爷带着她四处就医。因为家住得远，医院又在城区，平时不好打出租车，她要生气。医院的饭菜不合口味，她要生气。

护士打针，她嫌疼，也要生气。总之就是特别难伺候。

老爷爷说，我这老太婆一辈子跟我在一起，就像没长大一样，常常闹小孩子脾气。儿女在家的时候，**她就是一个慈祥的母亲，对他们轻言细语，无限宽容又疼爱。到了我这儿啊，就开始不讲理了。**

说到这儿时两个人刚吵过架，老婆婆又开始让老爷爷帮她出去买一碗没加辣椒的米线回来，于是他又步履蹒跚地出去给老太婆买那想吃的东西了。

两个人吵架经常都是老爷爷认错，即便是气得非常厉害的时候，也不忘在该吃药的时候，提醒她哪些药是饭前半小时服用，吃药时不能喝茶，不能吃辛辣、生冷、油腻的食物等。

有人说，判断一个人是否爱你，看两人争执时的表现就知道了。**爱你的人，你眼眶一红，他就忍不住心软让步了。不爱你的人，哪怕你哭得肝肠寸断，他也不会有任何感觉。**

万事把你放在第一位的人，在你生气时，也依旧能努力平息火气，争取不说一句伤你的话，不做一件伤你的事，即使吵架都是因为你的错。当你一有需要，会立马赶来的人，一定够爱你。

因为世上有这样一种人，宁愿对全世界暴脾气，遇上你，就没了脾气。

4

感情真是一件特别怪的事情，他可以让一个人从坏脾气变成好脾气，可以让一个蛮横不讲理的人，变成一个知书达理、又特别宽容大度的人。而这中间的种种变化，都取决于你是否遇到了一个对你来说特别重要的人。

对于女孩子而言，她们的撒娇任性，不是对谁都展露，而是知道你愿意包容她，你爱她，所以才有时傲娇，有时小气，有时又有些胡闹。

对于男孩而言，虽然他们都喜欢乖乖女，喜欢不吵不闹的女朋友，但当自己喜欢的人出现时，就会自然而然地放低标准，降低原则。

那些你一说分手就当真的人，不是因为玻璃心，也不是因为讨厌你轻易说分手，而是对你不够爱。当你真正爱一个人的时候，即便 ta 触碰了你的底线和原则，你依旧想要再给 ta 一次好好考虑的机会。

张小娴曾说，女人敢走，是看准了男人会回头。男人头也不回，是看准了女人不敢走。

当两个人闹矛盾时，第一时间认错的人，不是他们真的有错，而是太在乎你。有人曾说，能治得了你脾气的人是你爱的人，但受得了你脾气的人才是爱你的人。

我们终其一生要找的人，不是跟你一意见不合就闹得乌烟瘴气的人，而是吵架时总让你赢的人。因为真正爱你的人，怎么舍得让你伤心，让你孤单，让你无依又无靠？

我们想要的爱情不过如《时有女子》里所说，我一生渴望被人收藏好，妥善安放，细心保存。免我惊，免我苦，免我四下流离，免我无枝可依。

那些对你脾气好的人，不是很没脾气，而是你太重要。

写于 2016.11.29

第二章

**喜欢一个人和不喜欢一个人，
都可以因为同一理由**

也许陪你聊天，给你打电话的人很多，
却很少有人对你说，你困了就先睡，不困我陪你。

她不是讨厌手机，而是讨厌没你的陪伴

1

昨天在 KFC 吃汉堡，我隔壁桌坐着一对情侣。女孩的脸色非常难看，一直朝着窗外的车子看，而她男友呢，就一直在玩手机。

后来女孩实在按捺不住了，就问男友，今天的薯条好吃吗？好吃。今天的橙汁好喝吗？好喝。今天的晚饭满意吗？满意。女友连续问了他几个问题，他一直低头玩手机，而且微信的提示声，一直在滴滴作响。

女友问完最后一个问题，瞬间就发火了。她站起来说道：大中午的，你居然回答我晚饭很好吃，而且橙汁放在你面前，都凉了你也根本一口都没喝过。我还想着你胃不好，专门点了热的橙汁，说到底你还是在乎你的手机，根本不是在陪我吃饭。

男友见她火气那么大，当着那么多人的面，有些不好意思，于是也大声吆喝起来：我这不是在陪你吗？难道陪你就是停下所有手里的事，干脆连饭都不吃，只看着你就好了？

女友哭着说，你不好好说话会死吗？然后夺门而出。

有人说，世界上最遥远的距离，不是我在你面前你不知道我爱你，而是我站在你对面，你却一直在玩儿手机。

其实很多人为了手机吵了无数次架，玩手机的人认为我在你身边就算陪你，反正玩手机又没影响什么，我又没出去莺歌燕舞，灯红酒绿。而对方却认为，你只是人在曹营心在汉，心思全用在了手机上。于是矛盾越来越深。

其实她想让你放下手机，并不是看不惯你的手机，只是想你陪她说说话，聊聊天，她要的只是陪伴。

大多数的人，都是从手机里的无话不谈，到各自玩手机时的无话可谈。

2

大平昨天跟我讲，如今她跟男友的感情越来越淡，她感觉谈恋爱特别没意思，无非是两个人在一起各自玩手机。

当时我很诧异，因为他俩可是熬了 3 年异地恋，扛过时间、距离，以及双方父母的考验，才得到了今天在一起的机会。而且那时候，两个人分隔天南海北，在微信上不是聊得热火朝天吗？当时大平还跟我讲，男友对她嘘寒问暖，无微不至，秒回信息，置顶聊天，每天道早晚安。

可如今走到了一起，却嫌弃起对方了。

大平说，当初我们经常用手机联络，是因为无法见面，通过手机传递对彼此的思念。可如今我就在他面前，他却熟视无睹。那时候我以为我是他的全世界，谁知道，手机才是他的全世界。

我陪他吃饭时，他在玩手机。我陪他散步，他也在玩手机。我陪他聊天，他却在微信里找其他人聊。

当初他用手机频繁联系我的时候，我以为他只暖我一个人，谁知道，他是中央空调，想暖所有人。

大平还提到一件事，就是有一次她过生日，他陪她吃饭，可她点了满桌子他喜欢吃的菜，他却在用微信p图，准备上传到网上。让他吃，他就说再等一下，他宁愿让朋友圈所有人看他的美食，也不愿安心陪她吃一顿家常便饭。

木心先生有一首诗《从前慢》：

从前的日色变得慢

车，马，邮件都慢

一生只够爱一个人

从前的锁也好看

钥匙精美有样子

你锁了

人家就懂了

而如今一条信息的发送，也许只需要几秒，只通过手机联络的感情，来得快，去得也快。

我们对手机是又爱又恨，**我们爱的是，当我不在你面前时，我可**

以通过手机，随时联系你；恨的却是，当我在你面前时，你却独自在玩儿手机。

3

我姨妈和姨父从几个月前开始学会了玩微信，两个人没事儿的时候，就喜欢各自掏出手机在那儿玩得不亦乐乎。

以前他们两个人，出门都没意识要带充电器，如今一出门，连家门钥匙都可以忘，但绝对不会忘记带充电宝。

但奇怪的是，其他夫妻、情侣会因为玩手机导致感情变淡，但他们却是因为玩儿手机，感情越来越好。

比如姨父看到健康信息，会分享给姨妈，姨妈看了以后，对不赞同的地方，还拿着手机找姨父辩驳，两人就曾经因为辩论究竟喝豆浆时可不可以同时吃鸡蛋而一起百度答案，聊了一晚上。

姨父其实跟很多人一样，也喜欢在每顿饭前照美食照片。但每次照，他都会跟姨妈一起商量用怎样的角度、光线、构图才可以让照片更好看。有时候姨父也喜欢让姨妈端着盘，给她照。

有一次吃饭，大伙儿还笑他们俩像 20 岁的小年轻呢。

他们玩手机有个习惯，既可以分享手机里的健康信息、幽默笑话，或者奇葩新闻，有时候也可以各自玩手机，但绝不会长时间冷落对方。

现实生活里，多少人同床共枕，却背对着背，各自玩手机。我们总是说自己很孤独，但当有人陪你时，你却宁愿去找手机那头的人跟你聊，也不愿意跟身边的人聊几句。

我们常常犯的最大错误就是，把好脾气给了外人，而把坏脾气给了爱你的人。把自己最好的一面给了微信朋友圈，却把最坏的一面留给了爱你的人。

4

如今，互联网让联络方式越来越方便快速，又及时。但我们提高科技的手段，并不是为了单纯地提速度，而是为了彼此之间更好地沟通。

有时候我们常常跟一个人一言不合就开始玩手机，当我抬头看你时，你却在低头玩手机。你在手机里爱着一匹马，而我却在你对面怎么也做不了你的青青草原。

曾经有人说，有一种修养叫作跟别人聊天时，你能不玩手机，至少不是第一个拿出手机玩的人。

不能否认手机如今在我们的工作生活中起着重要的作用，但如果我们过于依赖手机，能见面时，你要打电话；能面对面聊天时，你却想要在微信上聊；能双手给我一个拥抱时，你却非要腾出一只手看手机，这种行为似乎也不可取。

有人说是手机让我们彼此的距离越来越远，以前的人没手机反而感情比如今真诚和深厚。其实这跟手机真没多大关系，手机是机器，而人才是它的主人。

我们当初发明手机，每年无数商家不断更新不同型号的手机或品牌，目的不是要将它的作用本末倒置，换下旧感情，而得来一个新功能。

常常有人说，女孩子真矫情，她们要求你秒回信息，随时为她微信在线，却又在一些时候，要求你不玩手机。可我不玩手机，怎么保证能随时秒回你信息呢。

乍一听，似乎有些道理，但若仔细分析，就会发现问题。其实女孩子想要的并不是你随时回她电话和信息，她想要的是你给的安全感。

当你的女朋友呵斥你又在玩手机时，她其实不是讨厌手机，而是讨厌没你的陪伴。

写于 2016.11.25

说一万句我想你，不如一句见见你

1

晓晓跟男友是异地恋，谈了3年，也折腾了3年。每次他们闹矛盾都要冷战很久，但我知道，其实无论谁对谁错，晓晓不过是想要一次见面、一个拥抱，就可以缓解一个人独处时的兵荒马乱。

男友平常工作特别忙，周末还经常加班。即便不忙，每周也只能休息一天，而且来成都见一次面，往返的飞机票也挺贵的。

于是，两个人为了省钱就忍着能不见面就不见，这回距离上次见他已经过去3个月了。晓晓说我想他，就如同过去了整整3年一样。他们彼此都想留着时间、精力和金钱，为了更好的明天。

平常晓晓也特别能理解他，于是每天都在电话里说无数次我想你。但彼此都心照不宣地没说那一句特别想说的：不如见一面。

我对晓晓说，两个人相处不能靠得太近，也不能完全拉开距离，既然想他，而且确实很久不见了，那就去见他一次吧。

也许大多数情侣都是这样，想要见一面，却要遇到很多现实的问题，但若你真的很想，为什么就不能克服一切困难去见一面？

无论这一面是多久。工作可以暂停一天，钱也可以破费一些，但人丢了，就再也找不回来了。

遥想老一辈的爱情，即使相隔千山万水，也要奔走天涯见一面心上人。而如今交通越来越发达，我们却因为各种原因，忍着心中的想念，反而找不到相见的理由。

想要见一个人，原本并没有那么困难。说一万句我想你，不如说一句见见你。别在能牵手的时候，谈分手。也别在可以相见的时刻，谈想念。

2

秀秀跟男友虽然也是异地恋，但两个人只隔了 100 公里，开车最多 1 个小时就可以见上面，很方便，甚至可以一周见上好几次。

昨天秀秀跟我说，异地恋真心累啊，看似有男友其实是个单身狗。我戏谑她，你这也叫异地恋？两个人都有车，这不是一踩油门一刹车的小事嘛。

秀秀说，哪儿呀，他工作那么忙，好不容易有空休息，不想他那么累。而我呢，也总不能老是这么主动地去见他嘛。

这种心情就如西蒙娜·德·波伏娃曾说，我渴望能见你一面，但请你记得，我不会开口要求要见。这不是因为骄傲，你知道我在你面前毫无骄傲可言，而是因为，唯有你也想见我的时候，我们见面才有意义。

我说，既然他没那么想见你，为什么你们俩每天打电话，你一句我想你，他一句我也想你，就连我这个外人听着，也感到思念溢满了整个手机屏幕啊。

其实秀秀跟男友谈恋爱，最大的问题就是太懒惰，彼此都不愿意受点苦，吃点亏。

为了见一面，彼此都想着，开车好累啊，万一遇到堵车真心烦，而且匆忙一见又往回赶，不如待在家里不走不动地打个电话，相互倾诉多简单啊。

恋爱其实本来就不是一件容易的事儿啊！茫茫人海，当你遇到一个真正互相喜欢的人，真是特别难。既然有缘在一起，为什么就不愿意劳动筋骨去见一见？

我们常说距离产生美，但距离长了，就不美了。在有更好的条件可以见见时，**不要为了一时贪图轻松，而让爱情搁置，也不要为了省些力气，而把相爱的冲动也省了。**

恋爱其实是一件特别折磨人的事儿，尤其是当你想念一个人的时候。与其满脑子去想念，不如抽个空去见一见。

相比身体所受的苦，想念一个人所要承受的苦，其实更难。

3

我的朋友圈有一对异地恋人，男孩在西藏，女孩在苏州。从读大学时恋爱到如今，两人从没赌气说过分手。我当时就奇怪了，相隔那么远，难道真的不会因为距离而心生退意？

那女孩对我说，肯定有过啊，**但每想一次，就会联想到他的暖和好**，于是就坚持到了现在。

男孩也是刚毕业的大学生，由于工种特殊，被学校直接分配到西藏援助工作，至少5年以后才能回去。有一次女友说，干脆就回来吧，我不嫌你穷，这么年轻就待在穷山僻壤活受罪。

男孩说，现在苦一点儿没关系，我总不能让你跟了我以后，苦一辈子吧。女孩听了非常感动，于是就更坚定了跟他在一起的决心。

只要有休假的时间，他都会去和女孩凑在一块儿。他会通宵达旦地加班熬夜，只为提前把工作做完，有时候甚至是连续上班一个月。

为了见她，他要花上单程6天5夜的时间，每次女孩在车站那头看见他时，真的是一脸憔悴，甚至都来不及换一身干净的衣服。陌生人看见他的样子，都会避开远远的。

两人见面以后，常常是一个很久很久的拥抱。因为只有这样的拥抱，才可以把这几个月不曾相见的想念，通过狠狠地感知对方的温度去全然倾诉。

女孩说，即便见一面非常难，但只要有可以见面的可能，他们都会彼此努力，绝不错过任何一次机会。

异地恋已然很辛苦了，为什么在可以创造机会，甚至是有机会相见时找理由推托呢？

相比无能为力的"我想你"，我更喜欢你说一句：想见你。相比你问我瘦了还是胖了，我更喜欢站在你面前，让你亲眼看一看。

4

有多少异地恋的人，因为距离而最终导致分手？又有多少异地恋人，其实本可以缩小距离，但任由感情慢慢变淡。

有人说，异地恋并不能摧毁一对真正的恋人，因为真正爱你的人不会因为距离遥远而跟你分手。

这话确实不假，但往往摧毁异地恋的原因都有一条，**你本可以相见，却因彼此的疏忽和不在意，变成了我只能怀念。**

曾经有一段话风靡一时：你住的城市下雨了，我不敢问你有没有带伞，因为我怕你在回答没有时，我无能为力。

每次看到这段话，我都感觉特别心酸。**但我想，如果你真的特别想念一个人，所谓的无能为力也只是暂时的，总有一天，你可以鼓起勇气，储满实力，去见那个你想要见到的人。**

在我们本可以有空、有时间、有财力物力的条件下，请不要找那么多借口和理由，去推掉一次又一次见面的机会。

因为你不知道对方的一句我想你，**其实是真的想见你。**

李安导演在电影《少年派》里曾说，人生就是不断地放下，但**最遗憾的是我们都来不及好好道别。**

不要等到对方突然告诉你要离开时，才不远万里来请求一个留下的机会。也不要等到大家心灰意冷的时候，再来说其实我们只是因为相聚太少，分离太多。

我若想你，就会像风走了八千里，不问归期。**但若我爱你，就会真如风走了八千里，直到见到你。**

相爱不易，相守更难，尤其是在异地恋中。但能相见时，请不要告诉我你想我，而是告诉我，你正在来见我的路上。

写于 2016.12.2

好的感情，需要互相欣赏

1

　　王姐和周哥结婚 5 年了，从刚开始的互相崇拜到如今的互相抱怨，他们在婚姻生活里过得越来越不快乐。

　　周哥在生活里是个慢性子，也特别细心，每次出门王姐都要在大门外等他很久，他总是要在出门前再次确认家里的门窗、煤气炉、电视插板是否关好，而且关门时一定要将门反锁扭 2 圈，再拉一拉，即便是出门买个菜也不例外。

　　周哥还有一个特点就是特别节约，能团购的电影票绝不到电影院柜台临时买，能在家里做的饭就不会到餐馆吃，就连家里买的日用品也常在商场打折的时候提前囤积。

　　王姐总是数落周哥，这么小气和抠门，心细如女人一样，根本就没有一点男人的魅力嘛。在她看来自己当初是瞎了眼，才选了他。

　　可每次她跟隔壁家的李大姐抱怨时，李大姐却说，这样的男人才会过日子啊，生活嘛就是要精打细算，细水长流，才能安稳度日啊。能节约的钱为什么要浪费啊，而且他做的家务其实都是你该做的，有人

帮你操心，你还嫌弃啊。而且他绝对比我家那位好上几倍，我家那位是个大男子主义，衣来伸手饭来张口，家里的垃圾桶倒了也不会动手去把它扶正。有一次出门，就因为忘了关门还被小偷偷个精光。你这是遇到好人了啊，别不知好歹啊。

王姐听了以后，仔细想一想，确实是这个道理啊。当初嫁给他的时候，就是看重他这点啊。

张小娴曾说，喜欢一个人和不喜欢一个人，都可以因为同一理由。

大多数人的婚姻，其实都是彼此的差评师。你抱怨我小气，我抱怨你唠叨，如果没有对彼此的欣赏，即便再大的优点，也会被看得一无是处。

金无足赤，人无完人，也许你的伴侣身上有很多缺点，但若你懂得欣赏，也许很多缺点就是你不曾发现的优点。

2

朋友小云在生活里就是一个大大咧咧的女孩，不会撒娇，也不懂得打扮自己，但性格特别好，跟男友拌嘴以后，第二天也就烟消云散，不会特别计较。

在我们看来小云身上有很多优点，而这些优点正是很多男孩渴望自己女友身上具备的：不黏人，不任性，还特别善解人意，多好啊。

可她男友却不这么认为，她有些微胖，他怨她身材不好，无论她穿得多么得体出众，他从没夸过她漂亮。她性格开朗，经常将大事化小，小事化了，但他怨她只会嘻嘻哈哈，办事儿不过心。

可小云跟一些为了瘦身不顾身体健康的女孩相比，懂得爱惜自己。跟那些败家女相比，不会没钱也要买买买。跟那些特别作和矫情的女孩相比，她懂得迁就和宽容啊。

人们常说，**情人眼里出西施，但西施若没遇到愿意欣赏她的人，也不过是一个普通女子而已。**

通常情侣之间所谓的矛盾和隔阂，其实是不懂得欣赏对方的好。当你用一双挑剔的眼睛和不会发现美的心灵去看待自己的另一半时，无论你怎么看，ta 在你眼里都是各种不满意。

梁思成曾这样赞誉妻子林徽因，"文章是老婆的好，老婆是自己的好"。

但林徽因真的是好到没有任何缺点了吗？并不是她真的足够完美，而是梁思成愿意去发现她最美的一面。于是林徽因就用"**答案很长，我要用一生的时间回答，你准备听了吗**"来感念丈夫对她的好。

好的感情，不是彼此有多好，而是懂得互相欣赏对方的好。

3

我家小区也有一对感情最好、婚姻最和睦的夫妻，刘哥和张姐。在我看来，他们身上有很多缺点，但他们却能彼此欣赏。

刘哥性格特别直，虽然心眼不坏，但经常得罪人，说话也特别难听。

有一次张姐在院子里跟一群妇女闲聊，感觉有点冷，打电话给刘哥让他带一件外套下来，结果刘哥下来以后，就各种唠叨：我给你说了下楼冷，让你带你不带，万一感冒了我才不负责。

换作是我，听这话不是在诅咒我吗？可王姐却没有责备丈夫的意思，她跟大家说，**只要他听你的话，帮你做了事儿，管他说什么，做比说更重要啊。**

当然王姐也不是省油的灯，在家就是一个"母老虎"，把刘哥管得很紧，每个月刘哥的工资如数上缴，而且给他的生活费也都是刚好够用。若有急需用钱的时候，还需要给她打报告。

院子里其他男性就挑衅刘哥：你个大男人活着还有意思吗，钱都老婆管，没钱就没权啊。

可刘哥却说，她是我老婆，给她管很正常啊，而且她又不乱花钱，我每个月工资并不多，但她却很会用钱，要用这些钱供孩子读书，供家里日常开支，还会在年底存上一笔可观的收入，我这老婆凶是凶点，但实在啊。

好的婚姻，其实就是这样，**努力去发现对方的闪光点，然后懂得避轻就重，把对方的优点看重，把缺点看轻些。两个五十分的人，若懂得欣赏彼此好的一面，加起来就是一个完美的一百分。**

4

作家周国平曾说，**看两人是否相爱，一个可靠尺度是看他们是否**

互相玩味和欣赏。

好的感情必定是两个相爱者之间有相互欣赏的地方。如果有一天你看不见对方的好，那么他再怎么优秀你也视而不见，他对你再好你也觉得不满足。当彼此没了欣赏，就会引发更多的争吵和指责，爱就渐渐荡然无存了。

其实每一段好的感情，都需要彼此的包容、理解和成长。每个人或多或少有很多在你看来是缺点、在别人看来却是优点的地方。

也许你凡事注重细节，但他却是一个只抓重点的人。当你已经选择了一个看似跟你性格不合、习惯不同，甚至是三观相悖的人，你要纠结的并不是如何改变他，聪明人都知道人的性格一旦定型，就很难改变，而是要努力发现他与你的不同之处，也许这些你看到的缺点，反而是你性格里缺乏的东西。

《东邪西毒》里有一句经典台词：

> 每个人都会经历这个阶段，看见一座山，就想知道山后面是什么。我很想告诉他，可能翻过山后面，你就会发觉没有什么特别，回头看会觉得这边这个更好。

通常很多感情的破裂，往往是因为一些琐事而导致的，极少部分是因为道德品行等大事上出问题的。

托尔斯泰曾说："幸福的家庭都是相似的，不幸的家庭各有其不幸。"

其实当你学会用爱、用理解、用欣赏的眼光去看待另一半的缺点时，很多夫妻之间的不合就迎刃而解。

好的感情，不是互相唾弃，互相谩骂，互相指责对方的过错。好的感情，是互相懂得，互相包容，互相欣赏对方的全部优点和缺点。

写于 2016.11.21

没有时间陪你吃饭的人，会陪你到白头吗？

1

昨天晚上我家邻居刚回来就又吵架了。只听妻子哭着说，就你最忙，忙得连陪我吃顿饭的时间都没有。丈夫说，你没事找事儿啊，我这不是出去挣钱养你吗？

妻子说，你这哪儿是挣钱，无非就是找个借口，出去跟你的一群狐朋狗友吃喝玩乐，美其名曰是为了我。

丈夫没再辩驳，而是气冲冲地把家门一摔，提起包就冲了下去。可他出门前还往头上抹了发胶，皮鞋擦得锃亮，还专挑了一身特显年轻的衣服，看样子心情很好。

昨天早上我 6 点出门的时候，还碰到了他妻子。他妻子平常可是在家睡懒觉不到中午不起床的。在门口寒暄了几句，她说今天丈夫要回家，去早市买些新鲜菜晚上给他做顿好吃的，说这话时她的脸上是满满的期待和幸福的笑容。

我原本想着，今晚她盼星星盼月亮地把丈夫盼回来了，应该特别开心。她丈夫在一个工地当包工头，平常一出去就是几个月不见。

那一天，她在厨房倒腾了一下午，又是炖鸡炖鸭，又是红烧排骨和清蒸鲫鱼，还为丈夫打了二两小酒，本准备两人好好坐下来吃顿饭，叙叙旧，拉拉家常。没想到说好的晚上6点回家，妻子饿着肚子等到了9点，他回来一趟洗个澡打扮打扮，就想出门见朋友，而不是留下来陪妻子。

吵完架以后，妻子一个人在家，把用碗扣着的做好的可口饭菜都倒在了小区外的垃圾桶里，然后说了一句，这日子没法过了。

我看在眼里，心里感触良多。

一个家的温暖就是落到吃穿住行柴米油盐里，一个人若没心思和时间陪你吃饭，还会生死不离病痛相随地陪你到白头吗？

2

有一次朋友乐姐到成都办急事，办完以后都晚上7点了，我让她留下来吃了饭住一晚，明天再回家。无论我怎么说，她都不肯，她说老公还在家等着她回去吃晚饭呢。

可乐姐家到成都开车要两个多小时，她就算匆忙赶回去，也是9点过了呀，这还不算堵车的时间。我劝她，不必这么着急，安全第一，再说少在家吃一顿饭没什么啊。

乐姐跟丈夫结婚5年，几乎只在特殊情况下才会在外吃饭，因为丈夫工作性质特殊，两个人只有晚饭时可以聚几个小时，通常丈夫在家吃了晚饭又去加班了。

乐姐说，我们其实相处时间很短，平时各自都忙着工作，可就因为这样，才要珍惜在一起吃饭的时间。

每次丈夫在家，乐姐都要做一桌子的菜，都是丈夫爱吃的。吃的时候，丈夫又会不停地为她夹菜，两个人有说有笑，话话家常说说情话，你为我盛饭，我为你加汤，心情特别美。尤其是在冬天，看着热气腾腾的饭菜，和自己爱的人坐在一起吃饭，胃暖，心也暖。

作家张小娴曾说，吃鱼，要找个伴，有个能陪你吃饭的人，很重要。两个相爱的人，在一起吃什么不重要，重要的是跟谁在一起吃，重要的是在吃饭的时间里，彼此心底的情谊依旧还在。因为爱你，所以才会花时间陪你吃饭啊。

在越来越快的生活节奏里，在无数应酬加班、出差应急的宝贵时间外，一个人若还有心陪你吃饭，陪你吃每一顿家常便饭，就是对爱最好的表达。

能开口就说"我爱你"的人有很多，但能为你做饭、陪你吃饭、在一蔬一饭里给你无尽陪伴的人，却很稀少。

3

秀秀跟文皓在一起谈恋爱，不是"谈"出来的，而是"吃"出来的。怎么说呢？文皓第一次对秀秀倾心，追求她的"招数"就是，一起吃个饭吧。

第一次吃饭时，文皓就做了功课，在她的微信朋友圈里寻找"蛛丝马迹"，看她平常最爱发的食物是哪些。那天吃饭的时候，其中有两道菜，麻婆豆腐里没有花椒味，糖醋排骨里也没醋味，怎么回事儿呢？

原来文皓在朋友圈里，发现秀秀说过自己不喜欢吃花椒和醋，于是特意吩咐厨师不要放。第一次吃饭，秀秀就从这两个细节里对文皓产生了极大的好感。

接下来的日子里，只要文皓有空，就会带着秀秀一起去吃饭，当然吃的地方都不是五星级餐馆，菜品都不贵，可每次饭桌上都有秀秀喜欢吃的菜。有一次两个人一起去吃火锅，她都吃得半饱了，文皓还在忙着帮她倒水，帮她涮肉，一边听她说话，一边替她忙活。

有时候，两个人吃路边摊，也很开心，有说有笑地撸串吃肉，一边聊一边吃美食。两个人谈了恋爱以后，文皓也一直保持着这个习惯，一日三餐若有时间，总会陪着秀秀一起吃。

因为你真正在乎一个人，才会知道她喜欢吃什么，不喜欢吃什么，才会特意为她留心。导演王家卫曾说，一男一女，你可以去喝个茶，没事。但要有一天，你说，我愿意跟你去吃一顿饭，那意义就不一样了。

一起吃饭，看似是一件小事，却折射出一个人是否愿意为你花时间，愿意陪你。两个人的相处，更多时候就是在一起吃顿饭，说会儿话，甚至只是在一起看会儿新闻联播。

4

明星黄磊在一次采访中谈及妻子不会做饭的问题，打趣地回答，我不鼓励她学做饭，怕她抢我饭碗。其实简单的一句话，却道出了浓浓的爱意。

如果一个人，有空时不陪你吃饭，或者只是人在餐桌上，只顾玩手机看视频，又或者心不在焉的，这点陪伴的时间都不给你，你还期待他会陪你相守到老吗？

三毛就曾说，爱如果不落在穿衣、吃饭、睡觉、数钱这样实实在在的生活中去，是不会长久的。

爱是什么？**爱就是一日两人三餐四季。是在平淡的日子里，都有一个爱你你也爱的人，在一起，陪你吃早餐、午餐、晚餐，跟你面对面说早安、午安、晚安。**

即便不能每天如此亲昵，至少也愿意在自己空闲的时间给你更多的陪伴。爱是牵挂，是想念，是互相的搀扶和安慰，每一个陪你吃饭的日子，其实都充满了幸福的味道。

真爱就是褪去一切铅华，平平淡淡，在厨房在家，在温暖的港湾里，两个人一起携手到白头。如今更多的年轻人早出晚归，一周之内能坐下来吃一顿安心的晚饭都有些难。或者即便有了时间，也不愿陪爱的人一起吃吃饭。

爱是需要一些载体来表达的，在生活的点滴里，在晨起时的轻吻里，在道别时的拥抱里，在餐桌上的共同时光里……你若对爱不愿再花时间和精力，它就无落脚之处、生存之地。

能陪你吃一顿饭的人，不一定真的爱你。但能陪你吃一辈子饭的人，一定是真爱你的人。一个人连陪你吃饭的时间都没有，还会陪你到白头吗？

写于 2016.11.8

爱你的人，才会对你唠叨

1

昨天晚上朋友笑笑在朋友圈发了三张自拍照，只见照片里其他行人冷得穿羽绒服，戴帽子围围巾，身子缩成一团，只有她穿着超短裙，穿着薄丝袜，站在寒风中。

照片刚刚发出去，下面点赞和评论的一大片，大家都夸她美若天仙，真漂亮真好看，简直就是"宅男收割机"。

可唯独她那异地恋的男友打电话来责问她,你是不是又瘦了,这么冷穿这么少，冻坏了怎么办，还有，大晚上的发照片，女孩子熬夜对身体不好。

然后就噼里啪啦唠叨了一大堆，最后笑笑保证以后冬天不穿这么少，男友才罢休。

笑笑说，男友其实是典型的工科男，谈恋爱是一根筋。在两个人不认识时，他总是不苟言笑，而且几乎很少跟别人说废话，可两个人在一起后，他就像变了一个人一样，变得爱唠叨。

早上起床，他会叮嘱你喝一杯温开水，上班不要迟到，记得吃早餐。中午的时候，他会问你吃了什么。为了防止你撒谎，还要不定时抽查，让你以图为证，而且照片必须是"人饭合一"。晚上还要问你多久回家，叮嘱你按时吃饭，少吃零食，多睡觉。

笑笑说，刚开始的时候还有点烦他，可久了以后才知道，其他人只关心你美不美，而他却关心你健不健康。当你失意时，他会为你加油鼓气。当你得意时，他会泼你冷水。他的唠叨总是及时准确地给你反馈和建议，让你少摔跟头，少受罪。

生活里，不是每个人都愿意对你嘘寒问暖，也不是每个人都愿意随时随地为你着想，只有真正爱你的人才愿意对你的处境感同身受。

爱有多少，唠叨就有多少。唠叨表示爱，表示用心，表示关心，表示你的一切他都特别在意。

2

有一次我跟几个朋友去青城山玩，朋友 A 和 B 都是有男朋友的，但那次我们约好报团旅行，不能带家属。

在去的路上，A 的男友就像我们把她女朋友拐卖了似的，一路上打来电话，叮嘱她小心一点，不要上当受骗，跟着大家走千万不要掉队，管好自己的钱财物，甚至还特别弱智地说了一句，如果遇到坏人，记得打110。

朋友 A 挂了电话后，看似抱怨却特别甜蜜地说，他就跟一个爸爸管女儿一样，去哪儿都要跟他汇报，一点儿自由都没有。

其实我们知道，他男友平日里特别稳重成熟，要不是在乎她，他绝不会这么体贴入微，无微不至。

而朋友 B 呢，我们在外玩 3 天，她男友一个电话都没有打来过。B 说男友对她总是忽冷忽热，从不会主动联系她。我说，每个人表达爱的方式不一样，也许他只是不想让你有太多束缚，想让你没有顾忌地好好玩。

B 委屈地对我说，我们恋爱是我倒追的他，他从上个月跟我在一起后，从不会关心我。有一次我加班到凌晨 2 点回家，他既没来接我，电话也没有一个，还怪我太不成熟。

那次旅行回来后，B 和男友分手了，她说，恋爱就是要找一个对你知冷知热、拥你入怀疼你入骨的人，即使本性沉默寡言，至少也要有其他行动表明他爱你。

爱情虽然没有那么多轰轰烈烈，最终都会归于平淡，但始终会存在于生活细节处，这跟暖不暖、性格内外向毫无关系。

也许对你有一两句关心的人，特别多。但每天都叮嘱你，为你的身心健康着想的人，不是他们时间多，闲得慌，而是你太重要。爱有时候是默默关心，有时候也是常常唠叨。

3

我曾经的同事冯哥，每次出差，他老婆总会打来电话，叮嘱他少喝一点酒，多穿点衣服，晚上要早休息。

平日里她老婆也是面面俱到地关心他，其实她也是上班族，每天工作也很累，时间也紧张。

但每当快下班时，她就会准时在微信里提醒他回家注意安全，开车慢点，遇到堵车不要发怒和暴脾气，因为她特别了解冯哥有"路怒症"。还会顺便再问冯哥他今晚想要吃什么，她去买然后回家做给他吃。

刚结婚那会儿，冯哥还觉得有个这么体贴温柔的老婆真好，可没过多久他就有些厌烦了。

也许是每天的提醒让他觉得被人管着特别不舒服，于是这之后，他常常不接她的电话，微信也不常回，有时候闹情绪还会假装加班不回家。

这之后她老婆似乎感觉到了他嫌弃她的唠叨，尤其是他长期对她的关心不回应，她就很少再主动打来电话。

有一次冯哥又出差，开车在路上没忍住火气，跟其他司机吵了一架，回到宾馆心情特别不好。正好那天他又感冒了，有些发烧流鼻涕，总感觉少了些什么。原来没有了老婆的唠叨，他还真不习惯。

俗话说，女人有三宝，温柔，勤快，常唠叨。一个经常对你唠叨的人，是因为在乎你才会把对你的关心放在嘴边。也因为在乎，她才会不厌其烦地规劝你。如果不是因为在乎，谁会无缘无故对一个人说个没完。

每个人的时间都很宝贵，每个人其实都喜欢被爱。有人缠着，有人惦着，一个人的重要性才会显现出来。

普通夫妻，那些充满油烟的日子，不就是因为在磕磕碰碰、在你一句我一句的日常唠叨里才有滋有味的吗？

4

爱你的人，才会在乎你身边的点点滴滴，才会把鸡毛蒜皮的小事都看得特别重要，才会把你的衣食住行放在心上。

无论男女，无论你想追求怎样境界的爱情，每个人都希望被人关心、理解和照顾。

张爱玲曾说，对于大多数女人，爱的意思就是被爱。

当你喜欢一个人时，才会打心窝里去在意。他对你热情不是他天性如此，而是对你他舍不得太冷淡。她对你问东问西，不是她真的没事儿干，而是对你她做不到沉默寡言。

因为好的感情，即便是吵架、斗气、唠叨，也是爱。最伤感情的常常是冷漠、沉默、不回应。

著名演员胡杏儿曾说，很感谢我的前任教会了我怎么做一个成熟的女人，而我的现任让我做回了一个小孩。

对于女人而言，最想要的爱情无非就是有个人在平平淡淡的日子里真正的在乎她，关心她，爱护她。

而对男人而言，曾经有一句话说，一个成功的男人背后一定有个成功的女人。这样的女人必然会帮他解决很多生活中的后顾之忧，会体贴他，而这样的体贴也许就在日常的很多唠叨里。

爱你的人，一次次苦口婆心地叮嘱，把心里对你的疼爱，就这样从嘴里唠叨出来。也许有时他们的关心确实太细致太具体，也许有时你并不需要这种形式的关心，但唠叨是爱，你可以跟对方一起改变爱的形式，但千万不要去伤害这些唠叨里饱含的爱。

爱你的人才有时间跟你唠叨，从一日三餐到一年四季，从衣食住行到柴米油盐，从青丝到白发。

写于 2016.11.24

恋爱时，男生最看重女生哪一点？

1

婷婷曾经是我们宿舍里的"舍花"，人美，肤白，腿又长。总之她的形象就如她的名字一样，亭亭玉立。

可奇怪的是，喜欢她的男生有很多，但大多数都是恋爱没多久就主动提出分手。而且下任女朋友，几乎都没她长得漂亮。

后来在一次同学聚会上，偶遇了好几个她的前男友，在他们口中，我终于知道了这其中的缘由。

由于婷婷自身条件好，于是就有些小傲娇。**性格特别好强，事事都要顺着她，最让人寒心的是，动不动就跟男友闹情绪。**

比如她逛街，无论男友有没有空，反正她提出要求，你就要无条件服从，她征求男友的意见，问他衣服好不好看，如果说好看的话，她就开心，说不好看，她就丧着脸。

如果男友说，你喜欢就买，因为男女的欣赏水平真的不同啊。她又会说，男友不在乎她，对她很随便。

而且男友说错一个字、一句话，或者做错一件事，即便是鸡毛蒜皮的小事，她都要男友郑重其事地道歉。男友没准时给她打电话，道早安，约会时因故迟到几分钟，她都要大发雷霆。

喜欢过她的男生都说，其实刚恋爱时愿意宠着她，让着她，惯着她，可久了以后，相处起来特别累。

常常有女生抱怨，男友追你时待你如宝，追到手以后就视你如草。

每次遇到这样的恋爱难题时，我们总是把所有问题归结为对方不够爱你。

其实恋爱是相互的，不是谁单方面的付出。没有谁愿意找一个争强好胜又咄咄逼人的女友在一起一辈子，接触时间短的话，男生或许会觉得你可爱，时间一长，就觉得受不了啦。

对于大多数男生而言，他们追你时也许是因为你长得美，但分手绝不只是因为审美疲劳，而是你性格太好强。

2

朋友小涵跟男友最近也闹了分手，想当初他男友可是用了九牛二虎之力才将她追到手，难道才3个月时间不到，就喜新厌旧啦？

小涵一边对我哭，一边抱怨"天下乌鸦一般黑"，而且还发誓，再也不相信爱情了。

但即便作为外人的我，似乎也看出了一些男友跟她分手的端倪。

小涵性格里最大的缺点就是疑神疑鬼，总是不够信任对方。比如有一次她男友出差，她跟我一起吃饭，**每隔1个小时就要查岗，**

美其名曰她想念男朋友了。

如果男友正在开会，不方便接电话，她就会各种胡思乱想。这之后，为了防止她乱想，**男友每当不方便接听时，都要在微信里给她发送一个"实时定位"。**

而且还有一次，她居然半夜三更打电话给我说，她私自查看了他的通话记录和聊天记录，发现了几个可疑的对象，问我要不要跟他摊牌？

我当时就傻了，对她说，你以为你是福尔摩斯破案？谈恋爱又不是让你实时跟踪，还有做分析调查的啊。

后来事实证明，她所谓的"嫌疑人"，都是她男友公司的同事，平时有工作上的联系是特别正常的。

但这样子虚乌有的事情多了以后，他男友实在受不了了，就忍痛提出了分手。

其实男生也是平常人啊，他再怎么喜欢你，也不喜欢被你当作犯人一样看待。**他对你好，包容和爱护你，而你却怀疑他，这样的委屈，换成谁也觉得恐怖。**

恋爱的目的不是捆绑对方，而是信任对方。**而这种信任，很多女生无法给，而且把男生逼得无路可退，甚至是呼吸困难。**

3

我认识一个女生娇娇，会撒娇，性格里有些小坏、小任性、小胡闹，不过特别会逗人开心，幽默有趣又特别能聊。

于是我把她介绍给我一个男性朋友，因为他的择偶标准就是要找一个会撒娇而且有些黏人的小女生，于是两个人接触几次后就开始谈恋爱。

恋爱第一个月，她就像一只小猫咪，整日黏着男友。吃饭要等他来送，下班要等他来接，天黑打个雷也要等他来陪。整日煲电话粥，一打就是1个小时以上。在这期间，两个人都感觉特别好，娇娇有依赖和安全感，而男友呢，有种被人需要的感觉。

但一个月后，娇娇就把这种感觉当成了常态，完全依赖于男友。他偶尔加班没空陪她，她就像失去了全世界。他电话超过3秒不接，或者有事没听见，她就特别慌乱，然后开始胡思乱想。

她会不分时间地点场合地来男友公司找他，理由就是我突然好想你。还有，她自从恋爱以后，完全没了自己的生活，买衣服、做头发、参加瑜伽课也恨不得随时把男友贴在身上。

其实爱黏人是女生的天性。因为女生不是对谁都黏。这话没错，但时时刻刻都黏人的女生就不可爱了。当一个女生在一段感情里失去了自主生活的能力，不仅自己过得特别累，男生也特别疲惫。

好的感情就是彼此依赖，但又彼此独立，是两个独立的个体一起共同成长、进步和学习的过程。而不是倾尽你所有的时间、精力和思绪都放在男友身上。

男生喜欢黏人的女孩，但不喜欢太黏人的女孩。任何事情过了度，就会产生物极必反的效果。

在恋爱中，女生喜欢被保护、被在乎、被心疼的感受其实特别正常。但是我们不能把过多的焦点都放在男生要如何在细节里体现出对我们的好，还应该想想，你要求男生对自己这么好，你又以何种方式对男友好呢？

你撒娇任性不讲理，你胡搅蛮缠不听劝。你说走东，就不准男友走西。你说生气就生气，你想分手就分手，而且还要对方无论什么原因都要原谅你，懂得你所谓的坏脾气其实都是因为太在乎他。

可我们既然在乎一个人，就更不应该随时都要折磨对方啊。

男生其实在一段感情里也是有情感需要的。他们希望被理解，被懂得，被信任，还要给他们一点空间。

如果一个男生特别喜欢你，他当然可以忍受你性格里的一切问题，但若要跟这样的女孩白头偕老，也是特别考验人的耐性，更不利于两性关系的发展。

在生活里，我们常常发现这样一个问题：男孩恋爱的对象大多很漂亮同时性格特别不好，但结婚时，通常都会找一个不是那么漂亮，但特别善解人意、温柔体贴的人。

曾经有人做过调查，相比美貌、学识、家境等因素，男生真正看中的是一个女生的性格。

恋爱是找一个人爱和被爱，而不是一味地付出和忍让。男生愿意向你"服软"是一种宠爱，是爱你的证明，但不是你用来恃宠而骄的筹码。

愿你强大，愿你性格好到无须有人宠有人惯；也愿你柔软，愿你幸运到有人宠有人惯。

写于 2016.12.1

你困了就先睡，没困我陪你

1

微微跟男友的恋爱始于电话，也止于电话。

他们刚谈恋爱时，男友总是每天主动打来电话，两个人在电话里开心地聊着，常常一聊就是一两个小时，到了手机快没电时，都感觉似乎并没有说什么，时间总是过得这样快。

每次聊到很晚时，当男友听到电话这头的哈欠声，他就知道她困了，于是每次他都说，**你困了就先睡，没困我陪你。**

有一次微微边打电话边啃鸡翅满手是油渍，她让他先挂电话，他也执意不肯，他说我不想让你听到电话那头无人接听的声音，**我负责给你打电话，你负责挂我电话。**

那时候微微特别感动，甚至觉得自己是天下最幸福的人。

两个人恋爱3个月以后，在电话里聊天的热情就逐渐冷却下来，男友再也不像从前那样空了就给她电话，甚至是微微主动打过去，他也常常因为忙就匆匆挂了电话。**说好的回聊，结果就是洗个澡也会洗一晚上，再也不会回个电话过来。**

　　有时候微微打给他本来想聊一些心事，想让他安慰。可每次只要他想打游戏了，想看电视了，想刷微博了，他就会说，**我困了，没事儿就挂了**，结果微微欲言又止的话只好收了回去，违心地说一句，没事了。然后男友就迅速地先挂了电话。

　　微微感到内心特别受伤害，因为他曾经可不是这样的。

　　也许陪你聊天、给你打电话的人很多，但大部分的人聊到最后，都是这样一句，我困了先睡了，然后就挂了电话。却很少有人对你说，你困了就先睡，不困我陪你。

　　困了想睡是人的本能，但能在极困的时候，也想陪着你的人，他才是甘愿为你付出且爱你的人。也许你并不一定非要让他熬夜陪着你，但这份在乎却是每个恋爱的女孩都需要的。

2

　　玉洁最近被妈妈安排去相亲了。彼此第一眼都有好感，两个人觉得可以先交往看看。可才相处不到1个月，玉洁就主动提出了分手。

　　我问玉洁难道性格不合，还是他对你不好？玉洁说，他对我的好是建立在他有空的时候。

　　比如有一次玉洁跟同事一起聚餐，在吃饭前，他还主动给玉洁打了电话说要注意安全，如果太晚，他就开车去接她。到了晚饭散场以后刚好下了大雨，她给他打电话，他却推脱说，自己已经睡觉啦。

　　还有一次，他说要带玉洁去吃一家烤肉，味道非常不错，等她有空了就带她去。后来有一次她真的有空时，他却因为自己不想吃，就借故不去了。

这之后无论他再怎么甜言蜜语，玉洁都不相信了。因为真正的爱情不是用耳朵听，用嘴巴说，而是用行动表达的。

真正爱你的人，为了来见你一面，天涯海角都不会嫌远。真正爱你的人，无论做什么事都是优先考虑你，而不是自己不喜欢，就不想陪你了。

世界上有很多人都抱着这样的态度：我想去吃，所以才带你去吃；我想去玩，所以才带你去玩；我想干什么或者方便时，就顺便带上你；如果我不想了，或者我不喜欢了，即便你再需要和喜欢，都会找理由不陪你。

很多人在爱情里其实是非常自私的，凡事都从自己的角度出发，真正站在对方立场考虑问题的却很少。能够不计较得失，不计较时间、成本和精力不顾一切陪你的人，以你的需要为重尽量满足你，而不是恰逢自己有时间才为你付出的人，才是真正爱你的。

3

最近玉洁又谈恋爱了，新男友对她超级好，大家都称赞她的男友才是真正的暖男。

玉洁家住在城里老旧的小区，最近新闻里常报道，到了冬天，天亮得比较晚，于是这附近就有抢劫的人，专挑单身女子抢包。

玉洁看了以后没放在心上，因为每天出门，路上都有环卫工人，而且很多早餐店都开门了，所以她不怕。

可是这个消息却把男友吓坏了，坚持要每早到她家楼下，跟她一起去上班。可男友上班的时间整整比玉洁迟1个小时啊，虽然都顺路，玉洁认为其实没有必要。

但男友坚决要这样做，他说比起耽误我睡觉，我更在意你的安全。

有一次他晚上9点才下班，正准备吃晚饭，可刚坐下，玉洁打来电话说想吃二环外一家老店卖的湖南臭豆腐。

玉洁在电话里问他吃饭没有，如果没空就算了，也不是非要今晚就吃。他说吃了呀，现在正好有空，本来他才刚坐下跟面馆的老板点了二两怪味面，于是又跟老板说对不起，退掉面以后，匆忙赶去那家店给玉洁买了一盒臭豆腐。

当送到的时候，他才跟她说了实话，自己还没吃晚饭。玉洁说，你傻呀。可男友却说，**你说想吃，我就感觉再饿也要先给你买。**玉洁说，那你先吃好再去买，没有就算啦。男友说，我害怕去得太晚，店里打烊了，你就吃不了了。

真正爱你的人，对你永远都有时间都有空。**他们可以为你牺牲很多，因为在乎，所以不会感到疲惫，只要你开心了他们做再多事情也觉得值得，也会跟着你开心。**

4

著名心理学家弗格姆在《爱的艺术》中有这么一句名言：不成熟的爱是"因为我需要你，所以我爱你"，而成熟的爱是"因为我爱你，所以我需要你"。

一个人付出的爱是不是成熟,从他最原始的动机与表达中就能得到验证。

那些每天跟你聊天、对你说晚安的人,也许刚好是自己无聊,刚好是没人陪,所以才找你,所以才来跟你嘘寒问暖。

而当自己不无聊了,有人陪时,甚至是单方想要结束谈话时,就立刻中断联系,一切以自己为中心,丝毫不顾及你的感受。

曾经有网友说,每次我都会主动说,我困了先睡了,你也早点休息。其实都是因为他心不在焉,或者回复迟缓。我只是先主动退出,维护自己那一点可怜的自尊。

有多少女孩都是这样,对爱的人很乖很懂事,但说了晚安以后你真的睡了吗?说了没事以后,你就真的没事了吗?其实当你感觉到他并不够爱你时,你整晚都不安,心里装着一大堆心事,可不敢打扰他。

当你真的爱一个人的时候,她的一言一行、一举一动、一抬头、一低眉都能撩动你的心弦,你会费尽心思地想要对她好。

即便是在你很困时,也能撑住陪她聊天。即便是在你很累时,也能顶住疲惫陪她玩。即便是你很穷时,为了让她开心,你也会省吃俭用为她买礼物。

对你说"你困了就先睡"的人,也许喜欢你;但对你说"不困我陪你"的人,一定够爱你。

写于 2016.11.11

钱才最能见人心

俗话说，路遥知马力，日久见人心。但若你在生活中加入钱的考验，那不要日久，分分钟人心就暴露无遗。最能见人心的，除了日久，还有让人又爱又恨的金钱。

——题记

1

王阿姨跟侄女关系一直还不错，好几年前她借了8万块给侄女做生意。当时侄女信誓旦旦地说，挣了钱一定马上还，要把阿姨当成亲生父母对待，真的是感激涕零。这几年她也确实待王阿姨如自己的母亲一般。

生意刚开始的两年，她确实没挣多少钱，而这期间王阿姨从未提起过让她还钱的事儿。从第3年开始，侄女的生意做得风生水起，也越做越大，一年少说也能挣十多万，苹果手机是换了一代又一代。

可奇怪的是，她有钱了以后并没有着急还给阿姨，直到阿姨家给儿子买新房急需用钱，才不好意思地给她打来电话。还钱的时候，她打来电话确认，只说了一句"已经转账了"，然后就挂了电话。

每年除夕晚上，侄儿侄女们都到阿姨家吃年夜饭。可今年过年侄女却没来，也没打来电话说明原因。之后，也几乎只在亲戚有酒宴的时候，偶尔碰上，侄女才招呼一声，然后像遇见仇人一样，立即躲开。

这个世界上翻脸比翻书还快的人可多了，当他们需要你帮助时，那热乎劲儿，那感恩戴德的样儿，就差没把你像一尊佛一样供起。

而当你让他们还钱，他们就不开心，还让你感到是你的错，不就借点钱，还跟看不起人一样，好像你才是那个过错方。

你付出你的点滴之恩，别人不但没有涌泉相报，反而恶意相对。钱借出去久了，还真以为就是自己的财产了。你让他还钱时，那才叫你是冤家，他是债主。不还的就跟你无限斗智斗勇，无限玩消失；还钱的呢，就当是给你的遣散费，从此一刀两断。他们丝毫不懂得感恩。

钱就这样把人性的丑陋之处淋漓尽致地暴露在大众面前。

2

农村这两年很流行搬迁，可由此看出钱真是个检测人心最好的手段。邻里乡亲、亲朋好友，什么都可以谈，唯独不能谈钱，一谈钱就不开心，甚至闹决裂。

有些人为了多一个户口，或者多分钱和房，公公会跟儿媳妇扯结婚证，然后等好处到手，又跟儿媳离婚再跟原配老婆复婚。

还有更绝的，为了钱，跟老婆假意离婚，等钱落在了自己腰包，却不准备跟老婆复婚了。还有些兄弟姐妹，为了分双亲的那一份，更是闹得乌烟瘴气，甚至不惜上法庭，兄弟反目。

每当遇上这样的事，你不得不感慨钱对人的震慑力真是太大了，大到可以越过良心和道德的底线，为了钱，可以不顾一切，所谓的亲情、友情、爱情，在巨大的利益和白花花的银子面前，更是分文不值。

孔子曾说，君子爱财，取之有道。钱本身并不是坏东西，用它可以办好事，也可以做坏事。而很多人在金钱面前，常常失去了理智和分寸。

有了钱的确可以做很多事情，但是为了钱而全然不顾礼节礼数，不顾彼此之间的情分和做人的操守，这样的人，被金钱蒙蔽了双眼，被利益熏黑了头脑，迟早他们也会掉入自己给自己挖的大坑里。

钱固然重要，卢梭曾说，我们手里的金钱，是保持自由的一种手段。可是它只是一种手段而已。一个人活在这个世界上，除了要用钱解决衣食住行，还有温饱问题以外，更重要的意义是获得幸福，而幸福就需要你有一颗正义善良淳厚之心，与社会、与他人建立一个友好的关系。当你为了钱不顾一切时，注定只能得到钱，而丢失了最珍贵的东西。

一辈子相亲相爱的夫妻，和一辈子友好的邻里太多了，但若在金钱面前，很多人是经不住拷问和诱惑的。没利益驱使的时候，我们可以谈感情，而一提起钱，就似陌路人，甚至仇人，由此看来，日久不一定见人心，但钱往往可以。

3

有两兄弟合伙做生意，本来打算一人出资一半，开一个餐馆，可其中一个兄弟当时经济条件比较紧张，就少出了一点，当时两个人齐心协力想把生意做好，根本没太在意是你给的多还是我吃亏这些小事上。

可是当生意越做越好后，当初出资多的一方就开始蠢蠢欲动了。他想，既然餐馆能赚这么多钱，为什么要跟他一起平分？于是慢慢地开始为了挤走他而耍很多小手段。渐渐地，两个人反目了，出资少的那位主动弃权，拿走了该拿的部分，多的一分也没要。

这些年，那位出资较多的人赚了不少钱，却越来越不开心，也感到良心不安。身边认识和结交的朋友越来越多，可没一个是真心的。

可这又能怪谁呢？ 他怪世态炎凉，人心叵测，却没想过自己恰恰就是这样的人。

人一旦太过贪心，得了不该你得的那份钱而失了朋友和兄弟之间的情义，当你家财万贯、物质足够富裕时，你会发现自己是很空虚和孤独的。钱可以买很多东西，唯独不能买幸福和情义，而往往拥有情义的人才更能拥有幸福。

当初和你桃园三结义，和你好到同穿一条裤子的兄弟，如今在金钱面前，也是那样的脆弱和无力，即便你有万种可能去说服自己，可钱的诱惑实在太大了。因为人心经不得折腾，也经不得反复折磨，心一旦伤了，再多钱也弥补不了。

4

　　莎士比亚曾经诅咒金钱：金子，黄黄的、发光的、宝贵的金子！只要一点点儿，就可以使黑的变成白的，丑的变成美的，错的变成对的，卑贱的变成尊贵的，老人变成少年，懦夫变成勇士。

　　其实金钱何错之有？错的是那颗贪婪的人心，原本人心就很脆弱。不是非要拿钱去考验你的真心，而是无意面对它时，你真的会面目全非，记不得自己是谁了。

　　我想一个人跟你的关系无论再好，无论是哪种情义上的感情，最好的辨别方法不是他对你有多好，你们有多少年的情义，或者经历怎样的患难与共。而是一旦沾染了是非不清的钱，你只须看他面对金钱和你时所做的必须二选一的反应，也就能见到他的真心了。那些不惜一切代价也要得到不义之财的人，或者为了钱什么都不管不顾的人，无论之前他对你多好多在意，都不及在钱面前表现得那么明显和真实。

　　钱最能见人心，可我还是想说，做人还是多点朴实真诚，少点贪婪和欲望，尤其是面对不属于你的钱财。一旦为了钱而失去了做人的原则，迟早有一天别人会把你看扁的！

写于 2016.8.4

第三章

能离开的人，便不算爱人

爱你的人，纵然有千百个离开你的借口，
但总能找到一个不离开你的理由。

真正对你好的人，不会对你忽冷忽热

1

几个月前有个读者问我，不确定她的追求者是否真的爱她。她说，他其实有时候也对我很好。

比如，他会记住每个节日和生日，送我精心准备的礼物。跟他吃饭，他总是会很绅士地帮我移椅子。

点餐也是点我爱吃的菜，看电影会选我喜欢的动画片，无论再晚，一定要亲自送我回家。

有时候甚至贴心到上班时提醒我不能坐太久，而且每个细节都做得非常到位。

可所有这些对我的好，并不是持续的，理由还滴水不漏。

有可能今天他还在跟我道早午晚安，明天给他打电话，不是占线，就是关机，即使打得通但每次都很忙。有时候中午给他的微信，他第三天晚上才回复一个"哦"字。

就这样反反复复，中间对我"冷"的间隔也越来越长。有时候甚至一个月不联系我，然后在我对他快要失去信心的时候，他又开始对我"暖"一点。

原本她以为，他是想要试探她是否愿意给他相爱的机会，谁知道就在上个月，两个人都好好的，突然他就消失不见了，昨晚她好不容易找到他，他却说对她没感觉了。

通常对你忽冷忽热的人，不是煞费苦心地引你注意，就是别有用心地为分手铺垫。

大多数女孩恋爱时最喜欢暖男，但不是所有的暖男都是真正的暖，有些只是对你的套路，因为知道女孩子就喜欢这套啊。

真正在乎你的暖男，不会对你忽冷忽热，若即若离，神龙见首不见尾，与你偶有联系，偶尔对你在意。而是即便不能做到面面俱到，至少不会玩弄你，调谑你。

你若不是可有可无，他怎么会对你忽冷忽热。爱虽不是时时刻刻的关心和在意，但绝对不是蜻蜓点水般的雨露均沾。

2

我有一个朋友，小雨，人长得特别漂亮，性格也非常好，当然喜欢她的男孩也特别多。

周伟也是她的追求者之一，但她刚开始对他并没有太大感觉。

但我们都知道，女孩子是没有爱情的，谁对她好她就跟谁走了。

也许是追了无数女朋友，掌握了女孩的心思，周伟每天坚持跟她联系，打电话关心她：吃饭了吗？今天开心吗？下班需不需要去公司接你?

起初小雨并不理睬他，后来在鲜花、巧克力、烛光晚餐和每日关心问候的猛烈攻击下，小雨对他上了心。

可有一次当她晚上9点多钟给他打电话，对方却提示关机了。她感觉似乎哪里不对，这才想起好像他每次联系她都是10点以前，然后到点就找各种理由闪人。

陪她吃饭，也从来不在周末，一到周末他总是出差，或者有其他事。

跟她在一起时，他总是喜欢把手机开着静音，接电话也要走很远，回来以后问他是谁，他会支支吾吾地说是送快递的，但她想，送快递需要这样神秘吗?

随着两个人接触的时间越长，他对她的好，最大的特点就是突然热，突然冷，而且还有周期性。

后来她无意中得知，他是有女朋友的，所有的疑虑就不攻自破了。

短时间对你的忽冷忽热也许是欲擒故纵，但长时间的若即若离就一定有问题。

真正爱你的人，对你的好是持续的，他想把你请进他的生命里，放在他的未来计划里，他不会放弃你，或者只在自己有空的时候才来在意你。

有多少对你忽冷忽热的人，也许只是在骑驴找马，把你当备胎，只是你一直把他对你的暖看得太重，被暖一下就觉得得到了全世界。

3

我的好友小马，男友是典型的理工男，两个人谈恋爱，他总是不太懂浪漫，常常给女生一种不在乎自己的感觉。

但都说，**路遥知马力，日久见人心，世界上不是所有男生都懂得如何在细节处讨女孩开心，但真正对你好的人，时间长了，你到底还是能感受到的。**

比如他不常请她吃饭，而是总在家里做，每次做的菜不一定都是她爱吃的，因为她平日吃的都是易上火的。

他大多数时候给她做的都是补气血有益健康的食物，比如熘猪肝、芹菜炒牛肉、花生米大枣烧猪蹄等。

比如他不会每日问早晚安，但她每天上下班，他一定会让她无论在微信上还是短信里都报个平安，**知道她安全到达以后，就回复一个"好"字，再没多的语言了。**

有一次周末他正在厨房做饭时，他们闹矛盾，那次是她的错，她无理取闹甚至是不讲道理，但他极力忍住自己的情绪，非要让她吃完午饭，他说，饿着肚子说走就走，**伤胃啊。**

有人说，看一个人爱不爱你，不是看他心情好的时候对你有多好，而是看他心情不好时对你多差。

这些年，他这个木讷的男友，虽然不会甜言蜜语，虽然不会花前月下，但一直对她非常用心。

他不会因为生气就长时间不理她，也不会突然对她暖，又突然对她冷。而是一直在平平淡淡的小日子里，给她一些看似微不足道但持续不断的温暖。他没有说过狠话，也没摔过电话，一直默默陪伴她，不曾远离。

真正爱你的人，会对你一直暖下去，也许他们表达得有些含蓄，甚至绝口不提我爱你，但处处透露着我愿意对你好，伴你老。

4

有一句电影台词曾说，在这个世界上，你会对很多人都有感觉，但那并不代表这就是对的人。

恋爱初期，感情正是你侬我侬、蜜里调油的时候，他当然会把你暖得感受不到一丝凉风。

但过了恋爱新鲜期，也许他就不那么喜欢你了。

这时候他会随着自己的心情，忽而对你嘘寒问暖，忽而对你退避三舍，忽而对你有火焰般的热情，忽而又对你有冰山般的冷漠。

有时候，比起痛痛快快结束一段感情，其实更令人讨厌的是他对你忽冷忽热的态度，让你无法自拔，让你总是幻想着他其实还是对你有暖的时候，于是分手不彻底，伤口久不愈。

其实，真正对你好的人，哪舍得对你忽冷忽热，他会让你感受到你对他而言真的很重要，而不是有你没你都一样。

南笙曾经说，其实有点怕一开始就特别热情的人，这类人的目光通常很容易被吸引走，热情来得快去得也快。而真正深情的人往往不易表达，因为水总是流到深处才不发出声音。

真正的暖男，也许对你的好并不是流于形式，不是表现出时时刻刻的在乎。而是在极其重要的时刻永不缺失，即便离开，也不会走很远，不会让你有一种不安的感觉。

凡是相爱的两个人，都会先考虑对方的感受。让你爱的人安心，是爱情最好的表达方式。只有不在乎的人，才在无聊的时候随便聊聊，又在忙碌的时候转头就忘。

真正爱你的人，也许不够暖，也许不够好，但绝不会对你忽冷忽热。

写于 2016.12.5

我爱你，怎么看你都顺眼

1

前几日我手机没电，借用大兵的手机打电话。刚拿到他手机，锁屏的图片就是现任女朋友的头像。

图片里的这个女孩，纯素颜，脸上有小雀斑，黑眼圈，皮肤还有些暗黄。再一看身材圆鼓鼓的，完全失去了腰线，更不要提马甲线了。

要知道大兵刚分手的前任女朋友，绝对算是个大美女。

还记得他跟前任在一起时，她跟他吃饭，他嫌她吃得多。跟他出门，他嫌她不会穿衣打扮。给他打电话，他嫌她黏人。不主动约他，他嫌她太懂事。

总之，在我们眼里已经很完美的前女友，在他眼里就是各种不满意和很嫌弃，没想到最后，居然是这样一个形象气质都超级普通的女孩俘获了他的真心。

昨晚几个朋友聚会，大兵把他的女朋友也带来了。席间，她特别腼腆，然后大兵全程不厌其烦地给她夹菜、剥虾仁、舀鸡汤。

眼看女友面前的餐盘有一大堆残羹，他笑着说，不要见笑啊，她就是能吃，能吃是福啊。

要知道，这事儿搁以前他绝对会冒火。因为他有严重的大男子主义，尤其在众人面前，没让女友帮忙盛饭都不错了，怎么可能帮女友夹菜。

用完餐后，大家本来想再玩会儿，可他女朋友似乎想走，于是他跟我道别，说要送女朋友回家。

可我记得，上任女友有一次跟他吵架就是因为怕黑让他送，他嫌她任性，说你自己打的回去多方便啊。

其实最好的感情，并不是我喜欢的样子你都有，而是你有的样子我都喜欢。

有时候，当你真正爱一个人时，当她身上的某一个特质吸引你时，任何你预设的恋爱条件都会变得微不足道、无足轻重，甚至会自动屏蔽她所有的缺点。

2

院子里的张姨和张叔最近和平离婚，也算不再折磨彼此。两个人的分歧其实并不多，可他们最大的问题就是，怎么看对方都特别不顺眼。

张叔性子慢，做什么都慢条斯理。恋爱时，张姨觉得这根本算不上缺点，慢的人凡事不争不抢，反而特别大度不小气。

可如今她却嫌弃他做事啰唆，走路拖沓，他吃饭晚她几分钟吃完，她都莫名地感到烦。

张姨爱打扮，即便自己在家都要花心思穿得好看。恋爱时，张叔觉得带着这样的老婆出门特别有面子，自己看着也赏心悦目。

但如今他却嫌她年纪一大把，整天只知道穿衣打扮。她即便买双有花的拖鞋，他都觉得很妖艳，满心的厌弃。

张姨减肥的时候，他说她全身皮包骨，有什么好看的。张姨胖的时候，他又说她自带游泳圈。

张叔呼朋唤友出去玩儿，她嫌他不顾家不陪她。张叔在家时，她又觉得大男人一个，整天窝在家里不像话。

当你爱时，你怎么看对方都顺眼。但当你不爱时，你总感觉看哪儿哪儿都不对。

当一段婚姻开始厌弃彼此时，再多的包容也不能够让彼此幸福。忍耐其实不是爱，因为真正爱一个人时，你会毫无理由地接受对方的一切。

就算缺点再多，你也不会打心底生厌。若是不喜欢，他说一句话都可能把你惹怒，即便是优点，你也会看成接受不了的缺点。

有人曾开玩笑，说**看着顺眼的，千万富翁也嫁；看不顺眼的，亿万富翁也不嫁。**

其实你是否爱一个人，评判的标准很简单，一个人所有的优缺点你都接受，你都能不觉嫌弃，就是爱。

即便是面对同一个人，当你心生爱意时，这个人满身都是优点，你怎么看都满意。而当你不够爱时，这个人就成了满身缺点，你怎么看都不顺眼。

3

我有个朋友叫笑笑，脾气大，心眼小，又特别爱作。而他的男友大宇，却是一个成熟懂事的人。

其实大宇在没跟她恋爱时，最接受不了的就是女孩子的性格不好。可偏偏笑笑都中了招。自从两人恋爱以后，他却觉得这一缺点正代表她很可爱啊。

两个人吵完架，经常都是他先道歉。他说知道她无理取闹，"可那是因为爱你，才要跟你吵啊"。

她经常莫名地发脾气，他都要哄着，有一次她生气不接电话，他就直接到她家找她，而不是置之不理。结果去了以后，只是简单的一个拥抱就化解了所有矛盾。

她爱哭爱笑又爱闹，他就甘愿充当一个演员，陪她演，陪她闹。

他说，一个有男朋友的女孩子，男友都不疼谁疼呢，而且她其实只是对在乎的人才会这么做啊。"只要在我的底线范围之内，我都是可以原谅的。"其实他的底线就是对她毫无底线。

而在她的前男友面前，她不管如何变好，变乖，变得沉默寡言又懂事，他都觉得她太幼稚，太天真，纯属话唠一个。

自从认识了大宇，她完全不需要费力变得很好，而是他喜欢就刚刚好。

宋美龄曾说，所有的爱情，都基于欣赏。很难想象有人会爱上自己轻视的人。真心爱你的那个人，你从来不需要处心积虑地讨好，哪怕他英俊无双，富可敌国，权倾天下。

当你爱一个人的时候，她高矮胖瘦都是你喜欢的类型。但当你不爱时，她胖是错，瘦了也是错，高了是灯杆，矮了是地砖。

我们曾说，当你爱一个人时，东西南北都顺路，同样，当你爱一个人的时候，横竖歪斜都顺眼。

4

有人说，看一个男人爱不爱你，是看你卸了妆以后，他是否会投以嫌弃的眼神。当你爱一个人的时候，一辈子都嫌不够，哪儿会把焦点放在她的容貌上。

《情人》的开头就有一段话："对我来说，我觉得现在你比年轻的时候更美，那时你是年轻女人，与你那时的面貌相比，我更爱你现在备受摧残的面容。"

也有人说，看一个女人爱不爱你，是看你一无所有时，她是否愿意陪你打江山，拼事业。当一个人爱你时，无论你贫穷还是富贵，她都不会嫌弃。

夏洛蒂·勃朗特也曾说，谁说现在是冬天呢？当你在我身旁时，我感到百花齐放，鸟唱蝉鸣。

爱你的人，哪舍得嫌弃你，无论是容貌、性格，还是家境和财富。爱都来不及，没有时间去理会这些无关紧要的细枝末节。

好的爱情，不是彼此嫌弃，而是即便嘴上说着看不惯你，但实则离不开你。是一起变好，而不是互相挑剔。

爱你的人，不会等到你变好了，或者变成了他不嫌弃的样子，才来对你好，而是当你出现，他从第一眼就爱上了。他看你时，那宠溺的眼神溢满了爱，哪还有心思去嫌弃你。

遇见一个你爱的人，就算跟他在一起，他打嗝放屁，你都不会嫌弃。

记得《心灵捕手》里有个细节很让人感动：我的妻子在世的时候有个毛病，一紧张就放屁。有一天晚上我妻子放屁把家里的狗都吵醒了，后来自己也醒了，还回头问我说："是你吗？"我说："是的，亲爱的，是我。"

当我爱你时，我的心是舒畅的，眼神是放光的，看你是顺眼的；而当我不爱你时，你呼吸是错，静默是错，怎么看都是错。

写于 2016.12.7

因为爱的是你，所以不适合说分手

1

昨天朋友娟娟跟男友闹矛盾，两个人你一言，我一句，吵个没完，但当男友眼见娟娟快要说出分手两个字时，态度立刻软了下来。

他对娟娟说，冬天这么冷，不适合说分手。然后一把抱住她，拥入怀里。

说来巧的是，**他们的感情，每次经历危机后，反而像度过了冬天，会逐渐深化和加固。**

娟娟很瘦小，又贫血，一到冬天就手脚冰凉。每次她在公共厕所用了凉水洗手，他都会立刻用自己的手去暖她。

有时候她恶作剧，还会把快冻僵的手直接伸到他的肚子上，把他弄得哭笑不得，总是嘴上怪她使坏，却从不发火。

晚上他陪她追剧，两个人窝在沙发上，他会给她嘴里递零食和饮料，而她只管把手放在他衣服口袋里取暖。

有时候她半夜肚子饿了，他会眯着还没睡醒的双眼，再困也要起床给她煮一碗热腾腾的鸡蛋面。

他会在出门前把她围得严严实实的，口罩、围巾、帽子一样也不会忘给她戴。他从不让她为了爱美，在冬天露大腿。他说，你腿细不细，长不长，我都喜欢你。

他总对她说，我脂肪厚，自然不怕冷。你这么懒，脸皮又薄，冬天没有我的照顾怎么行。

冬天这么冷，不适合分手，这句话他已经跟她说了3个季节，可等到了春暖花开适合分手时，他们却不愿意离开了。

其实爱你的人，无论如何也不愿离开你。张爱玲就曾说，能离开的人，便不算爱人。

所谓的冬天不适合分手，其实只是一个理由，分手就分手，不爱你的人怎么会选着季节跟你说分手？

只有爱你的人，纵然他们有千百个离开你的借口，但总能找到一个不离开你的理由。

2

有一次跟朋友薇薇一起吃饭，席间，她不停地跟我数落男朋友的不好。

比如他总是工作太忙，没时间理会她，连生气也是一个人在唱大花脸。她过生日，他连选礼物的心思都没有，直接打钱给她，然后问她够不够。

她生病住院，他在外地出差知道后，不仅不安慰她，反而恐吓她再不照顾好自己，以后还要住医院。

当时我一听，直接就说了一句，细节决定爱情，他这明显是不爱你啊。但薇薇说，我怕影响到他，在他奋斗的这几年，不适合说分手。

但事实证明他男友还是很爱她，只是表达方式不一样。

要知道这事儿换在以前，她早就说分手了。她是恋爱高手，就连前男友说一句话她也可以分析出对方不爱她的蛛丝马迹，更别提现男友这么粗心大意的行为了。

无论他当男友多么不称职，多么不细心，多么不好，她总是会以其他各种理由扼杀想要分手的决心。

就我知道的她不分手的理由都已经有一长串了，比如我跟他分手，会影响他的情绪，然后影响他的工作，最后影响他的事业，甚至是未来……

我不想说这道理是否正确，但每当我听薇薇说到这些理由时，心就特别暖，因为我看到了一个真正心中有爱的姑娘，原来可以这么大度和善解人意。

所谓的我怕影响你，所以不适合跟你闹分手，大概也是因为太爱对方。

如果一个人不够爱你，任何一件小事都可以当成分手的理由，比如不秒回她的信息，不秒赞她的说说，甚至她吃草莓味的酸奶，你却给她买了苹果味的。

但当一个人足够爱你时，就会忽略掉所有的爱情仪式，因为是你，所以无论再惹我不开心，我都不忍心说分手。

3

我家院子里，有对小夫妻，结婚两年，平常总是吵吵闹闹的。

有一次他们闹得特别凶，两个人拿着结婚证就气冲冲地赶往民政局门口。

那天人特别少，根本不需要排队，若真想离，几分钟就可以办好。

可到了门口，两个人却找了凳子坐了下来准备好好谈谈。妻子说，就你这么懒惰又不讲卫生的人，没人受得了你，最多跟你好上1个月就会离开你。**没有我，谁给你免费做饭，洗衣服，任劳任怨的，还受得了你的臭脾气。**

而丈夫说，就你这小性子，说两句话就吃醋，很任性，一言不合就不接我电话，删我微信，把我拉入黑名单，**而我每次都不跟你计较，再次加你好友，换成其他人，根本不会再来理你。**

妻子说，遇都遇到你了，有什么办法啊。丈夫说，年纪轻轻就有离婚记录，以后你的日子怎么过啊。

最后两个人又笑嘻嘻地牵着手，回了家。

比如有一次深更半夜她让他走，结果他真开了门就走了，过了1个小时，天上下起了雨，打起了雷，她正怕得要命时，他在门外说，老婆，你不要怕，有我在。

她听到他居然还在，心里乐开了花，但嘴硬地说到，你怎么还不走，**他说打雷的时候，不适合说分手。**

当你真正爱一个人时，打雷闪电，刮风下雨，严冬酷暑都是你不离开的可爱理由。

你怕她害怕，怕她孤独，怕她不会照顾自己，所以只要对的那个人是她，就坚决不适合说分手。

当你不爱一个人时，你会变得小心翼翼、敏感脆弱，甚至自尊心特别强，要分手有的是理由。

但当你爱一个人时，内心甚至比不爱时更不堪一击，但因为爱，你总会找到一个即便看起来很可笑的不分手的理由。

4

《山木诗词全集》里有这样一段话：所爱隔山海，山海不可平。海有舟可渡，山有路可行。此爱翻山海，山海俱可平。

这大概就说明了，真正爱你的人，无论你们在一起会面临多大的挫折和阻碍，他都会不离不弃，永远守在你身旁。

相爱不易，分手很容易。当你不爱一个人，总会找到很多冠冕堂皇的理由说分手。

但如果真爱一个人，即便不需要理由你也会留下来。甚至是我爱你就想守住你，一想到再也没有人像我对你一样好，我就特别不放心，不想说分手……

很多人的爱情故事的开头是，恰逢其会，猝不及防。结局却是，花开两朵，天各一方。甚至有人说，很多人的爱情始于"不好意思"，止于"没有意思"。

其实人还是当初那个人，你想走想留，最终取决于内心对她是否还有爱。时间并不能打败爱人，它打败的是人，却不是爱。

真正的爱，任你东西南北风，任你酸甜苦辣咸，任你身高体重年龄差，都不会是你真正想要分手的理由。

真爱了，你就舍不得走。无论是以何种理由留下，你在乎的是身边是否还有她。

张嘉佳曾说过，你燃烧，我陪你焚成灰烬；你熄灭，我陪你低落尘埃；你欢笑，我陪你山呼海啸。

有生之年，我们错过了多少青梅竹马和情窦初开，但若你爱一个人，无论多么不合适，你都想跟 ta 两鬓斑白过一生。

我有一万个借口离开你，但若我爱你，却又有一万零一个不离开你的理由。因为是你，怎么也不适合说分手。

写于 2016.12.8

我喜欢的样子，你都有

1

今天收到了一个朋友的结婚请帖，真心为他祝福，但当我看到请帖封面的那个新娘时，有点儿纳闷了。

因为这个新娘居然是半年前朋友跟我聊起的那个"不太懂事"的女孩，那个他一谈起就"伤脑筋"的女孩，那个他父母刚开始极力反对的女孩。

朋友的那个女朋友，我见过，比他小 5 岁，样貌普通，身材也一般，而且性格特别暴躁，总是撒娇任性，闹小孩子脾气，按朋友的话来说，就是心性还不够成熟。

她买衣服总是喜欢买地摊货，五颜六色只要个性，不讲质量。每次朋友带她出去，都要首先带她去商场买一套跟她气质相配、得体的衣服。

她喜欢大半夜跟一群男男女女的朋友们去 KTV 唱歌喝酒。每次朋友都担心得不得了，生怕她在外面吃什么亏，每次都会放心不下非要去接她。

她就是一个看起来还没长大的小女孩，而朋友就是一个成熟稳重的大男生。两个看起来并不匹配的人，怎么就能在一起啊。

我问他，为什么总是说她不懂事，不成熟，不温柔……缺点一大堆，却非要坚持跟她结婚。

朋友说，男人嘛，就是要有责任有担当，跟她谈恋爱也有两年了，总不能说分就分。

我当时笑了一笑，心里在想，这是什么逻辑？即便谈恋爱10年也有分手的啊，而且谈恋爱就一定要结婚吗？虽然他嘴里跟我说，他是因为责任。可我非常清楚，他是因为太爱她。

当你爱一个人的时候，她什么样子，什么性格，什么家世，其实都抵不过心里的一个"爱"字。

真正陷入爱情的人，根本不会太理性地来考虑男女双方匹配的问题。他们不会像一个算数老师一样，把什么条件都拿来作比较，画等号。因为是你，所以我喜欢的样子你都有。

2

王阿姨最近又长了一大溜白头发，看着其他同龄的姐妹都去理发店染头发、烫头发，她也有些心动。

毕竟长了白发后的她看起来像是老了10岁，自己看着都有些为难，刘叔叔天天见，估计也会看厌吧。结婚这么多年，难免会产生审美疲劳。

刘叔叔在一个国有企业身居要职，身边的美女下属一大把，比她年轻，比她漂亮，还比她会撒娇，她经常感叹自己老了，不能跟这帮年轻姑娘们比了。

这天，王阿姨正准备去染发，刘叔叔知道后却坚决不同意。他说染发容易诱发癌症，这个年纪健康比什么都重要。

刘叔叔也许是看出了王阿姨的心思，于是语重心长地对她说，老太婆啊，真不用这么折腾，跟你在一起这么多年，难道我是因为你的容貌才跟你结婚的吗？

想当初刘叔叔还是年轻小伙儿时，眼光可挑了。相亲过很多次，次次不成功。不是嫌弃这个太胖，就是嫌那个太瘦。皮肤白的，他嫌晃眼睛。皮肤黑的，更不用说。有一次跟一个皮肤黑黑的女孩约会，刚见第一面他就谎称上厕所，结果一去就没回来。

直到遇到王阿姨。当时的她，鼓着圆圆的小肚腩，发型是个老土的小男生短发，就连约会那天也随随便便穿了一套妈妈的裙子出门。

可刘叔叔第一眼见王阿姨，就觉得特别投缘。因为王阿姨虽然长得并不漂亮，却特别能懂刘叔叔。两个人在一起聊天，聊上3天3夜也有话说。

后来刘叔叔说，其实我就是想找一个跟我聊得来的伴儿，当遇到她时，感觉任何外在条件都可以省略不要。

当你爱一个人的时候，心里的很多择偶标准都会不攻自破。所谓的不合适，不登对，不匹配，无非是为不爱的人留个借口。

当你爱一个人的时候，那个人根本不需要太优秀，太出色。因为爱，就是一切的条件。而唯有找到那个你最爱的人，她身上才会具备一切你喜欢的样子。

3

王姐跟她老公结婚时，所有人都不看好这段婚姻。就连她婆婆也是心灰意冷，对儿子的眼光极度失望。

两人结了婚，婆婆也很少去儿子家。婆婆说，最好眼不见心不烦，因为去一次就气一次。

因为她每次去，不是看着儿子做饭切菜洗碗，就是听着儿子在美滋滋地谈论着妻子是多么懒散，但满是抱怨的话却被他说出了甜蜜的味道。

王姐家里的家务活儿几乎全是老公做，而王姐就像一个旅客一样，只负责拎包入住，动口不动手。衣服穿脏了，他洗。鞋子脏了，他擦。有时候就连她自己的化妆台也是他帮着收拾，她整个人就像一个甩手掌柜，什么事都不管。

每次亲朋好友都私下批评她老公，怎么就娶了一个这么懒的媳妇儿，以后的日子怎么过啊。可你还别说，这样的日子，他们和和美美地过了 16 年。

她老公在结婚以前有严重的大男子主义思想，他总认为妻子就应该给丈夫做饭洗衣，操持家务。就因为把家务活儿分得太清楚，前几个女朋友都跟他不欢而散。

没想到最后他娶的媳妇，居然是自己当初最不能接受的类型。

通常男女分手，总是要找一些冠冕堂皇的理由。总是认为造成分手的原因是因为对方不是自己理想中的恋人，或者是生活习惯不同，或者是性格不合，又或者是年龄、身高、身材等各种问题。

其实当你遇到真正爱的人，一切问题都迎刃而解。"不够爱"才是男女之间相处最大的问题。

4

喜欢一个人需要理由吗？

需要吗？

不需要吗？

这是《大话西游》里的一段台词。

那喜欢一个人到底需不需要理由？当然是需要。**最大的理由就是：爱。**

其实你所设置的条条框框无论再完美，再优秀，再无懈可击，**一旦遇上这最大的致命的理由，它们都会退避三舍，通通为真爱让路。**

通常你若问一对正在热恋的男女，对方吸引他们的究竟是什么。他们也许根本就说不出对方有什么好，**甚至他们说出的好，其实在外人眼里，就是一个极大的缺点。**

可若你问一对分手的男女为什么要分手。他们会说出一大堆理由，随便你挑。而且毫不含糊，每个理由都有依有据。

爱情真的很奇妙，当你遇到一个对的人，ta 身上所有的优缺点都可以被你看成优点，所谓的情人眼里出西施，大概就是这个意思吧。

电影《心灵捕手》里有这样一段话：人们称之为"瑕疵"，其实不然。"不完美"那才是好东西，能选择让谁进入我们的世界；你喜欢的人，也不是完美的，但关键是能否完美地适应彼此。亲密关系就是这么回事。

我若问你，你喜欢的人是什么样子？你也许会噼里啪啦说出一大堆条件。可当你真正喜欢的人站在眼前，你也许就再也提不出任何条件，因为你喜欢的样子，ta 都有啊。

写于 2016.10.25

好的感情，就是要互相麻烦

1

前几天在一家卖衣服的店里看到一对母女，关系超级好。那个女子不停地给她妈妈挑选衣服，几经折腾以后，她们一致决定了买一件衣服，然后那女子赶快掏出银行卡，准备付钱。

她妈妈认真看了一下价格标签，然后对那个女子说，这衣服很贵吧？要是太贵我就不要了，我其实有衣服穿，也不是那么喜欢它。

女子说，只要你喜欢，贵一点无所谓，然后就爽快地去刷卡了。店里的其他顾客一致称赞这女子懂事，孝顺，这么大热天，还不嫌麻烦，陪妈妈买衣服。然后她妈妈说，这其实不是我亲女儿，是我儿媳妇。

大家都惊呆了，这社会还能有这样好的婆媳关系！后来女子过来，解开了谜底。

她说她在一家工厂上班，经常晚上9点才能到家，可不管再迟回家，她婆婆都要等她回家吃饭。刚开始她害怕麻烦她，毕竟饿着肚子等，也实在没必要，可她婆婆就是不肯，每次在她叮嘱

114

过不用等她后依旧等。

女子说，婆婆对我好，我也要对她好，人嘛，都是相互的。每当我回家看到桌上早已做好的饭菜，看到还有人在等着我吃晚饭，我感到自己很重要，还有一种被人需要的感觉。然后那位婆婆说，我儿子在外地打工，不能陪你，其实我是害怕你一个人吃饭没胃口……

看吧，好的感情真的需要这样的麻烦。其实麻烦的意思，就是为对方付出时间、精力、金钱、感情等。

一段好的关系，只有相互付出才会体现出它的价值。因为在乎，所以你愿意付出；也因为互相的付出，彼此在对方心中的地位才越来越重要。

2

有一次去参加同学的婚宴，在新郎致辞时，特别提到了，感谢从西藏专程赶车过来的好哥们儿，然后说到激动处，还落了泪。

新郎说，自从大学毕业，同寝室的好哥们儿联系的也十分少了，这一次结婚，其实是没打算请大学同学的，毕竟过了这么久，关系肯定是淡了，如果不注意请了原本就不想来的人，别人还会认为你想要份子钱。

可这位从西藏大老远来的哥们儿，当初说过只要他结婚一定亲自来，当时新郎还以为这是客套话，毕竟相隔那么远。没想到结婚这一天，那哥们儿真的来了。

后来从新娘那里得知，这位朋友家庭条件很不好，家里姊妹比较多，他大学毕业后就独自承担起一个家庭的经济负担，而且此次也是买了火车的硬卧票，坐了两天三夜的车，才来到这里。

虽然他只给了200块的礼金，可这份情谊，这份跋山涉水的辛苦，带来的是对这对新人最真挚的祝福。临走时，新娘偷偷地加了几百块钱，连同200元的礼金一起悄悄塞在了那位朋友的包里，并且答应他，年底会去西藏，到他家玩儿。

在乎你的人，其实才会愿意麻烦自己，为了你做出牺牲，无论这样的牺牲是物质上的还是精神上的，甚至后者比前者更胜。

谁都会嫌麻烦，这是人的本性。可是能克服这样的本性，能为了一个人主动付出一些什么，才是真正在乎一个人的表现。

朋友之间都说情谊最重要，其实就是通过这样你来我往的麻烦，互相连接，既增进了感情，也加深了彼此的认同感。

3

我有一个朋友，她现在的男友被我们称作"麻烦哥"。因为他总是不嫌麻烦，在朋友没答应做他女朋友之前，就帮她大小忙，总之，有他在，你就不用担心遇到麻烦的事儿。

比如朋友有很多县城来的七大姑八大姨，每到换季的时候，就说没衣服穿，然后成群结队地来成都买衣服，当然每次都会让朋友当向导。朋友有时候工作忙得不可开交，她们又偏偏喜欢工作日来。

可有麻烦哥在，这事儿不用愁，他会主动向领导请假，然后开着车到火车站去接她们，陪她们逛街，安排食宿，当免费司机。

还有一次，朋友回了一趟老家，回来时却把手机忘在了老家。那天，他联系不上她，马上冲到她家去找她，然后才知道她手机没带在身上。中午吃了一顿饭，他就说有事忙，要先走了。

没想到凌晨2点，朋友被一阵敲门声惊醒了。她还以为有小偷，蹑手蹑脚地通过猫眼一看，原来是麻烦哥，于是连忙开了门，问他有什么急事。

谁知道，麻烦哥从口袋里掏出了她的手机。原来他来回开了6个小时车，回了她的老家，把手机及时给她取回来了。

那次以后，朋友就答应跟他谈恋爱了。

朋友说，她陪自己的亲戚逛逛，即便带着血缘关系都嫌累，即便是很需要用手机，也会嫌来回跑着麻烦，没想到他居然能为了她，做这一切麻烦事。

其实一段好的感情，最需要彼此的麻烦。因为"我爱你"这三个字谁都会说，可愿意把这三个字落实在行动上，就需要靠一些具体的事情来显现。你愿意为谁做牺牲，做出退步，不嫌麻烦，然后努力帮ta解决一些事儿，就表明你是爱ta、在乎ta的。

4

心理学上有一句话：付出才能有感情。同样，互相麻烦，就是付出的意思，彼此麻烦，一来二往，才会有滋生出感情的可能。

你见过互相不说话，不联系，不往来，就能成为恋人，成为朋友的两人吗？即使是再好的感情，也需要通过这样的付出，为对方做一些麻烦的事儿，来增进彼此的感情。

而这样的麻烦，也许就是朋友失恋，你打过去安慰的几句话；也许就是恋人之间互道的早安、午安和晚安；也许就是同事之间，帮还未到的同事用抹布把办公桌上的灰尘擦干净。

《礼记·曲礼上》："礼尚往来。往而不来，非礼也；来而不往，亦非礼也。"人与人之间的沟通交流，其实就是通过平凡生活的各种小事，来来往往，才有情谊嘛。

没有人是一座孤岛，每个人都是社会人。社会人就需要与人产生联系，有所来往。也许你会说，麻烦别人其实不好，麻烦别人带了目的性，但不为了"什么"而存在的感情，才不会真正的长久。

就比如夫妻之间，简单说，你也是为了找到一个人生伴侣与之白头偕老而成立的关系。

比如朋友之间，你也是需要有人理解你，了解你，虽然不能感同身受至少可以找到一个聊得来的伴儿。

一切感情，都离不开一个广义的"爱"字，而爱本身就是一种需求和被需求的关系。

好的感情就是需要相互麻烦，而这样的麻烦当然是剔除了恶意为之的因素。你不麻烦别人，别人怎么知道你需要 ta。别人不嫌麻烦，你也才会知道这是真正的感情啊。

好的感情，就是需要相互麻烦。

写于 2016.8.31

对爱最好的回报，就是你的回应

1

A 姐一直是个家庭主妇，她老公负责挣钱养家，她就负责相夫教子。本来日子平平淡淡过着，有着细水长流般的平静和幸福。

但最近几年他们感情出现了危机，不是因为他在外花心，也不是因为她变成了邋里邋遢的黄脸婆，而是因为彼此之间再也找不到爱的感觉。

他最爱吃芋头烧鸭，但她偏偏是过敏性皮肤，每次买回家的芋头，在去皮的时候，总是不小心把黏液沾在手上，每次双手都发红发痒，还要起水泡。可即便如此，她还是忍着痛和痒，每周都给他做一次。

可他呢，似乎不太领情，每次回到家，拿到碗筷，不是嫌味道不够好，就是嫌辣椒放得少，更有时候，他尝了一块，就不吃了。

每次 A 姐都特别不开心地说，我特意为你做的，你看看我的手。

他每次就立马回击到，我又没逼你非要做这道菜，不好吃还非要我吃啊。

　　然后两个人就开始了冷战，都觉得对方不可理喻，一件小事也可以闹得乌烟瘴气。

　　其实 A 姐不是在乎他是否要吃完这道菜，而是他对她的态度。当一个人用心地为你做一件事时，她想要得到的就是你乐意接受的回应，而不是你一味的指责。

　　A 姐说，我的心很凉，因为每次为了他好，他似乎从来感觉不到，甚至还会变本加厉地挑剔我。

　　有人说夫妻在一起相处久了，就像左手摸右手，再也没了恋爱时的感觉和激情。

　　其实并不是没有感觉，而是你不懂得回应对方对你的付出。ta 为你做什么，你都觉得理所当然，还专挑毛病，找漏洞。时间久了，当付出的人得不到应该有的爱的回应，彼此的感情就会变得平淡寡味甚至心生埋怨。

2

　　其实 A 姐在这段感情里也存在问题。

　　A 姐的老公说，两个人谈恋爱的时候，他还是一个穷小伙，他即便买不起什么贵重的礼物送给她，她也丝毫不嫌弃他穷，反而因为他的每份用心感动不已。

　　有一次她过生日，他没钱给她买生日蛋糕，就煮了两个土鸡蛋然后骑两个小时的自行车从家里赶着给她送去。当时她无比激动和快乐，当他看到她脸上洋溢的灿烂笑容时，他觉得自己一定要加倍对这个女人好。

这几年他们的生活条件好了，他从送普通的衣服鞋子，再到送钻戒，送名表，更在她 30 岁生日时送了她一辆车。每次他以为她会很开心，可每次她都用不温不火的表情，淡淡地说一句，谢谢老公。脸上表情僵硬，丝毫没有喜悦的感觉。

她再也不像以前那样回应他为她做的任何事，再也不像曾经送一根狗尾巴草编织的戒指，她都会开心地吻他。他再也找不到能打动她的礼物，因为似乎送她什么，她都无动于衷。

总有女人说，当婚后有钱了，经济条件好了，反而找不到婚前两个人穷得叮当响时爱的感觉了。

其实女人需要爱的回应，男人也同样需要。当他觉得他的付出，他对你的爱，得不到你的鼓励和认可时，当你渐渐疏于表达你应该有的回应时，他就会慢慢灰心和失望，就会感觉付出没有多大意义。

3

我见过一对夫妻，相处 20 年，感情一直如初。他们是怎么做到的呢？

妻子闲着的时候，特别喜欢给丈夫纳鞋垫和织毛衣。而我们知道在这个年代，穿这样的手工制品，真的显得有些俗气，还有点不太顺应潮流。

有一次他告诉她，不用帮他做这些了，出点钱就可以买的东西，为什么非要花精力亲自去做呢？既伤眼睛，也费时间。可她说，她自己做的给他穿，会感觉比买的更温暖，更有情谊。

于是后来他就没有阻止妻子，即便他不喜欢这些东西，也没完全置之不理，而是选择恰当的方式，选择周末在家时偶尔穿穿。因为这一针一线，代表的是情，是爱，是她想要给他的力所能及的关心。

而妻子呢，平常更是对丈夫讲不完的夸赞。他把菜做糊了，她不会抱怨他，因为她知道这道菜是他专为她做的。他衣服没洗干净，她也不责骂他，反而感谢老公这么体贴和勤快。他打扫卫生，从来都不够洁净，但她也从来不说伤人的话批评他。

因为她知道一个大男人能为了心爱的女人干完所有家务活，无论做得是不是好，至少他愿意付出和努力，你就需要给予他爱的肯定。

然后每次她会默默地把他没洗干净的衣服再洗一次，把他没拖干净的地板再拖一次。

从这对夫妻身上，我们似乎看出，你对一个人的好，一个人的付出，其实并不是要求 ta 要用同样的方式回报你，而是想要在 ta 有所付出时，你给予 ta 及时且暖心的回应。

4

很多人说，两个人相处久了以后，对彼此太过了解，所以 ta 对你做的任何事情，都激不起你心底的浪花。

很多人说，爱情只是在初期时才需要给予彼此爱的表达和回应。

很多人还说，都是老来伴儿了，根本不用讲这些仪式和套路。

其实打败爱情的常常就是你对爱的麻木和不表达、不倾诉、不回应的态度。

在爱情里，一个人对另外一个人的付出，并不是像做生意那样，想要得到你的回报。

ta 为你所做的付出，真的不是希望你也同样回馈 ta 同等 "物质价位" 的东西，而是想要得到你同等 "心理价位" 的回应。

需要你发自真心地感受到 ta 对你的好，也需要你将这份爱意表达出来，让 ta 知道，原来他的付出，你是这么的喜欢和在乎。

只有让你爱的人感觉到，ta 的付出是值得的，是被你需要的，被你称赞的，ta 才愿意继续在这段感情里付出更多东西，包括时间、心力、金钱等。

没有人愿意把自己的好拿去对一个冷若冰霜、毫不在意的人。人都是相互的，也许 ta 付出的东西不是你最想要的，甚至还会有不足的地方，但为爱付出首先就是一件值得表达和感谢的事。

很多分手的人，总是说对不值得的人付出了不值得的情感，其实这样的不值得并不是说，他们真的吝啬和计较这些物质和精神上的付出，而是在乎你对 ta 的付出没做出相应的回应，让 ta 他感受不到自己的付出是能够打动你的。

在感情里，无论你是热恋中的新婚燕尔，还是平淡里的老夫老妻，我们都需要对对方的付出表达我们的爱意和关心，同时，也需要给予付出方相应的、及时的、积极的爱的回应。

彼此付出，彼此回应，彼此珍惜，彼此包容，这才是保持爱情最持久的秘笈。爱不一定需要回报，但一定需要回应，因为最好的回报就是彼此回应。

写于 2016.10.19

第四章

一个人的生活，也要好好过

一个能让自己赏心悦目的人，
比让别人欣赏你，更值得赞美和鼓励。

一个人的生活，也要好好过

1

我认识一个朋友大妮，单身多年，却依旧一个人把日子过得充实有趣。即便再忙，她的一日三餐一定是按时保质保量地完成。无论再着急再尴尬的事儿，该吃饭时，她总会一个人乐呵呵地先把饭吃了再说。

尤其是一个人的周末，她绝不会因为赖床，而早午餐一起将就着吃。通常她只会比上班时间晚起 1 个小时，然后出门晨跑 1 小时，呼吸新鲜空气，顺便锻炼身体，然后在回程的路上在一家早餐店吃一碗稀饭，加一个清水煮鸡蛋，喝一杯豆浆。

午餐的时候，更不会随便来一桶方便面或者速食就把日子打发掉，她总说，一个人也要好好吃饭，一个人也要活得精致而温暖。她还说，食物有超乎想象的治愈能力，它既能填饱肚子，更可以让你一天的生活都神采奕奕，充满能量。

通常她会在空闲的时间去超市买应季的蔬果，让冰箱和厨房堆满健康的食物，想吃什么，自己就去用心做，丝毫不会因为自己一个人过，而将过程简化，或者直接省略应该有的生活仪式感。

为自己做饭这样的小事，会让每个平凡的日子变得井井有条，充满生活的美和情趣。每一道深情烹饪的小菜，都深藏着一份温暖和感动。

即便是多年前跟男友分手后，她也从未因为任何人、任何事而生气不吃饭。她总说，一个人的生活，无论多么糟糕，最后的底线就是好好吃饭。因为你连饭都不好好吃，连你自己都不好好爱自己，那谁还会爱你呢，一个不会爱自己的人，同样也无力得到别人的爱。

2

认识妞妞的时候，她正在积极减肥和祛痘。1 米 58 的个子，和 120 斤的体重确实有些不搭，而且因为过度嗜辣，满脸的小痘痘连她自己看了都有些着急。

尤其对于一个年轻女孩子而言，真的没人能通过你糟糕的外在一眼看出你良好的内在。

当时的她想尽办法让自己变美，如今瘦身的她，也从不会在一个人的时候，放弃身材，暴饮暴食。她不会像其他单身女孩子总是抱怨，反正又没男友看我，我那么在意自己的体型干吗呢。

她几乎从不会在晚上 9 点以后进食，也不会随便喝碳酸饮料和吃辛辣食物，为了有一个好的皮肤，她总是对自己严格要求。

她说让自己变漂亮，自己看着舒心，才有资本吸引到男神啊。即便那个未来的他久不出现，自己若是一道风景线，自顾自赏也不错呀。一个能让自己赏心悦目的人，比让别人欣赏你，更值得赞美和鼓励。

总有人说，你一个人生活的时候，其实不需要太美，头发可以三天不洗，袜子可以三天不换，甚至你爱怎么样就怎么样，没人管你，没人看你啊。

因为一个人嘛，又没有观众。可你就是你自己的观众啊，如果连你自己都看不下去自己，那别人更不可能发现你特别的美究竟在哪里啊。

曾经看过鲁豫采访香港歌星陈慧娴，她因为一首《千千阙歌》一炮而红，后来事业却跌入谷底，人至中年，一直未婚，事业爱情都不得意。当时鲁豫问她：在你最难的时候，有没有想过放弃自己的形象？比如说蓬头垢面，不修边幅。

陈慧娴答道，没有啊，即便在我最最不顺的时候，我也不可能以这样糟糕的形象示人。鲁豫后来说，**我一直认为，当一个人连自己的形象都放弃的时候，才是真的陷入了一种糟糕的境地。一个人即便遇到任何风雨，若她还依旧可以顾及自己的形象，证明她还没有真正绝望。**

一个人若过不好自己的生活，一个人的时候都特别无聊，那么两个人的时候也不会很有趣。同样，一个优秀的女孩子，并不会因为有人欣赏才促使自己变得优秀，而是你本来就优秀，如同一朵开在春天的玫瑰，绽放着自己最美的青春。

3

还有一个朋友，从未因为一个人的生活而感到孤独。她不会像其他女孩子，一下班就窝在家里，玩电脑，逛淘宝，或者约上三五朋友在外吃喝玩乐，她们似乎享受不了一个人独处的时光。

而她正好相反，她特别喜欢一个人的状态，可以在饭后舒心地散散步，听听歌。可以在睡前安静地看看书，写写字。更可以在一个人的时候拉上窗帘，小酌几口红酒，然后独自在家看一部温情的电影。

总有人说一个人的时候，特别地孤单，似乎做什么事儿都特别没劲，需要另外一个人陪着，才会觉得生活有意义。但作为一个成熟的人，你必须学会独处，尤其是一个人如何过好生活，不单单是在工作和事业中取得优异的成绩。

人生其实就是一场一个人的修行，到后来你会发现，无论是你一个人，还是两个人，又或者你能保证身边时时刻刻都有人陪伴，但一个人首先要学会独处，才能跟世界相处。

4

文学大家杨绛先生在丈夫钱钟书去世以后，开始独自整理钱钟书的学术遗物——她把这叫作"打扫现场"，每日的生活简单而规律，笔耕不辍，深居简出。在她身上，人们往往忘掉时间的残酷：一百年无情而漫长，而这位女性始终柔韧、清朗、独立，充满力量，也给予温暖，做经典文学的翻译，写写文章，几乎谢绝任何媒体的采访。

一百年过去了，岁月的风尘却难掩她的风华，多年前，钱钟书便给了她一个最高的评价——**"最贤的妻，最才的女"**，现在，她是这个喧嚣躁动的时代一个温润的慰藉，让人看到，"活着真有希望，一个人也可以那么好"。

无论你是漂泊他乡，还是大龄单身，或者离异独处，一个人的生活，也要用心地过，好好地过。人生原本就是悲痛多于幸福，而当你用一个乐观积极的心态去看待人生的一切苦难时，便不会觉得一个人就可以将就。

一个人的时候，更要爱惜自己，努力让自己优秀起来，努力让自己更靠近阳光，努力用一双发现美的眼睛去看这个世界。当你拥有达观的心态，一个人的生活也可以丰富多彩，充满乐趣。

写于 2016.10.10

为什么要找一个稳定的人谈恋爱

每次提到要找一个什么样的人谈恋爱，大概很多人都会想到"有趣"、"幽默"、"成熟"等形容词。如果我的答案是"稳定"，估计很多人瞬间就会感到这个想法很无趣。曾经我也是这样认为，稳定似乎跟爱情里惊天动地、轰轰烈烈、死去活来的场面不搭调，甚至是背道而驰。

——题记

1

曾经，我租住的房子对面是一对爱吵架的夫妻，经常三更半夜两人就吵架，房里像在打仗一样，女人撕心裂肺地哭着、喊着、男人就不停地发着火、摔东西，然后就是那一句经典的话，你给我滚！然后把女人硬生生地推出家门。

通过家里的房门猫眼，我看到女人哭得是那么可怜。大半夜的，她能到哪儿去呢？无非又是去找她的婆婆，然后把老人家带来劝劝自己的儿子，然后两人就和好了。

很多时候，我又会经常看见他们两人一起上街买菜，男人会陪女人去逛街,散步,甚至还经常一起有说有笑地坐在路边摊撸串。这时候两人的状态,你真的很难想象,他们吵起架来的样子是如此不堪。

那男人似乎是个情绪很不稳定的人,上午还见他牵着女人,在院子里不知道在窃窃私语些什么开心的事儿,晚上你就可以听见那如打仗般的吵架声,并且一个月总是要反复好几次。

一个情绪不稳定的人,谈起恋爱来是很吓人的。也许白天他还对你恩爱有加,晚上就会对你大发雷霆。上午他还在说我爱你,下午就说我恨你。

他总是反复无常,一会儿要跟你白头到老,一会儿又要与你分道扬镳。刚开始恋爱时,也许你觉得没什么,可时间一长,想想还是很累人的吧。

2

有一读者告诉我,她结婚的时候,妈妈总是对她说要找一个经济稳定一点的人结婚,毕竟过日子,还是要实在点好。那时候她的男朋友经常换工作,不是说不喜欢,就是嫌工资低,又或者离家太远。

可她还是不顾父母反对,坚决跟这个男孩结了婚。两人结婚时,男孩子还是经常换工作,也不努力工作,心浮气躁,一年不换上七八个工作似乎不太符合他的风格。

刚开始时,两人并没有什么经济压力,都是有一分用一分,没有就不用,经常过着前半月是皇帝、后半月是乞丐的日子。

可后来他们有了小孩,有一次因为两人的工资竟然买不起二三百块的奶粉而大吵大闹一场。

毕竟潇洒日子过惯了，再加上毫无积蓄，又经常领着新工作的实习期工资，两人这才感觉到了走投无路的地步。

也许是当了母亲，也许是那一瞬间长大了，我的这位读者突然间明白了父母当初为什么说找一个经济稳定的人很重要。

长辈们总是告诉我们稳定很重要，那究竟什么是稳定？稳定不等于有钱，稳定是一种生活的平衡状态。而不是非要找一个铁饭碗、事业单位的公务员，才叫稳定。

我想父母所说的稳定，是一个男子心里要有责任感，对家庭有担当，他清楚地知道物质是爱情的基础，他若爱你，便会尽自己最大的努力给你一个稳定的生活、稳定的环境，即便他正在创业期间，即便正在四处奔波，但他不舍得让你跟着他吃苦受累，"不舍得"不代表就一定会避免让你受累，但这份"不舍得"的心，这份努力，才是真正的稳定。

3

我有一个朋友，丈夫的年纪比她大很多。于是我们在一起时，总是避讳谈及年龄的问题，因为害怕她会特别在意。可有一次她主动跟我谈起了，找一个比自己年纪大的丈夫，其实特别好，感觉特别幸福。

朋友在没结婚前，跟所有女孩子一样，情绪变化很大，敏感又多疑。她谈恋爱的对象都是同龄的男孩子，经常会因为一言不合而不联系，或者不说话，互相闹脾气。

她说那时候谈恋爱，总感觉心是悬在空中的，因为你没有安全感，你不知道这个人究竟什么时候会走，一赌气一任性就闹分手的情况太多了。

这感觉就如夜晚看见的流星一般，它很美，可说消失就消失，可以没有任何预兆。

其实爱情与年龄无关，而在于这个人是否能给你安定的感觉。

跟现在的丈夫在一起，无论她怎么闹，他总会让着她，很少见他发火生气，也很难见他情绪失控，他会好好地跟她讲道理，讲不通，就默默地陪着她，等她气消了再说。他会告诉她，他的底线在哪里，比如不能轻易说分手，比如不能骂脏话等。只要她不触碰这个底线，他几乎都会容忍她。

他总能让人感觉到，他不是一个情感上随随便便的人，即便要分手，也是好说好散。他不会摔门而去，不会不理她，不会打冷战，也不会对她的态度反复无常。

一个性格稳定的爱人，会让你有安全感，有归属感，会让你的心静静地沉下来，享受爱情的美好。他会让你明白，只要你不放弃，他会一直都在。

他不会无缘无故说不爱了，分手了，算了吧。他无论来或是走，会给你理由，给你空间，明明白白、踏踏实实地跟你谈一场让你心安的恋爱。

4

看过鲁豫采访伊能静，问她如何有勇气嫁给男友秦昊。因为伊能静毕竟离过婚，带着小孩，还比男友大整整 10 岁。

伊能静说了一个细节：当她面对媒体和大众的舆论压力时，她就想说，为什么会这样子，并且很生气。可只要她到他身边去的时候，他不会大惊小怪，一惊一乍，他会转移她的注意力。

他会说，我们去看电影吧，今天妈打来电话问你还需不需要一些补品，今天导演让我去试试戏……他的精神世界非常丰富，性格也很沉稳，这样的人是可以放心把自己交给他的，因为她到了他的世界以后，她就安定了。

我想，当一个人会让你安定下来，会让你不再患得患失，不再害怕和恐惧，这个人一定是对的人。

稳定，源于内心的一种承诺和信任。一个人只有给了你这样的感觉，即便让你与他风餐露宿，行走天涯，你也在所不辞。为什么？因为他能让你的心安定下来，他让你知道这个人即便生活上、物质上看起来不够稳定，但他会努力，会加油，会给你一份安全感，让你相信明天一切都会好，让你有勇气与他甘苦与共，即便天塌了下来也有他在。

其实很多单身男女的择偶标准都很简单，无论他们设置了多少条条框框，只要两个人产生了爱情的火花，并让你的心有落地的感觉，不是时时刻刻都担着心，悬着心，让你一日不见会想念，但绝不会认为他一日不见就消失了。你们之间有最基础的信任，这样的感觉，才是爱情真正需要的。

稳定，与其说是一种物质上的状态，不如说是来自心与心的信任，来自两颗真诚的心，把对方交给了彼此，互相取暖，互相安慰。

找一个稳定的人谈恋爱，经济上：即便目前生活不稳定，但他会努力，这份努力让你感到对生活有希望；精神上：性格的稳定，情绪的稳定，态度的稳定。

　　稳定是恋爱里很美妙的词，它会让你的心找到一个真正的归宿，然后择一人，择一城，守一生。

　　　　　　　　　　　　　　　　　　　　　写于 2016.9.9

你的形象里，藏着你的生活态度

1

我家楼下有家馒头店经营了十多年之久，老板和老板娘每天早上 4 点半就起床揉面，和面，蒸馒头。

已是中年的老板娘特别好看，从她的姿态和面容里，你根本就看不出经营生意的艰辛。

每天早上老板娘会在蒸好馒头后，在卧室里花上 15 分钟化个淡妆，将惺忪的眼角化上褐色的眼线，在苍白的脸蛋上抹上腮红，还会在嘴唇上抹上口红，整个人看起来炯炯有神，也特别精神。

有一次我起床很早，6 点多到她家买馒头。老板娘不算精致但经过描摹的脸庞，让人一看就有好心情，有一种赏心悦目的美。并且老板娘总是微微笑，说话声音不大但特别温柔，会让你在一早的起床气中瞬间缓过来，感觉美好的一天就从此刻开始。

有一次当我问老板娘，你这么早起床还有心思化妆？再说了，早上正是最忙的时候，你不怕耽误生意？

老板娘说不会啊，我每天早上会早起 15 分钟。再说了，你知道我们早起卖馒头的人其实特别辛苦，通常自己照镜子都觉得看不下去，尤其在感冒生病还必须起床时，更是一副病态，但每天化个妆，就遮掩了身体的疲惫，自己看着好看，老公看着好看，顾客看了也不至于太丑呀。

其实一个人的生活态度也可以在她的容貌里体现。一个积极乐观、对生活认真负责的人，绝不会允许自己将糟糕邋遢、不修边幅的面容展示给别人。

因为让自己美丽，哪怕是在容貌上给自己一些美的打扮，也是一种积极的生活态度。

无论任何人，即便生活在社会的最底层，但你依旧拥有选择生活态度的权利。当你的态度美丽、积极、自信时，你的生活自然就会美下去。

2

我家院子里有个张婆婆，年纪有些大，可依旧特别注意自己的穿着打扮，还有言行举止。跟其他同龄的婆婆相比，她总是显得特别年轻。

张婆婆老伴儿去世得早，如今她也是一个人生活，偶尔儿子带着媳妇回家看看她。

为了保持身体健康，一个人不至于闷闷不乐，张婆婆报名加入了老年大学，上午学画画和瑜伽，下午学舞蹈和音乐。空闲时候，还参加社区组织的各种文艺演出。

由于长期受艺术的熏陶，她人也变得特别开朗，总是特别喜欢笑，即使已是皱纹满面，也丝毫不影响她笑起来时给人的温暖感觉。

前几年她突然长胖了很多，为了防止过胖导致身体不适，她坚持饭后散步，每天到市区里的中心广场跳交谊舞。由于长期运动，她的脸色逐渐红润，腿脚也灵活了，舞姿的练习让她成了一个"背影女神"，整个人看起来健康又美丽。

岁月沉淀在她脸上的是慈眉善目，多年的兴趣爱好让她拥有好身材和体态。在她的神态、姿态、语态里，你看到的是一个对生活充满希望和热情的人，年龄已老但心态不老，无论到什么年纪也总是希望呈现出由内而外的美丽。演员俞飞鸿曾说，**人最开始老是从心老的，皱纹与青春有关，与美丽无关。**

在生活中，那些外表看起来很好看，同时非常有修养的人，总是有着一个豁达的生活态度。岁月不饶人，尤其不饶女人，但一个人拥有了良好的心态，有一个好的生活态度，无论在哪个年纪，你依然拥有美丽。

年龄从来不是你不需要打扮和提高自我形象的借口和理由，生活态度美的人，年龄从来不会限制她们展现出优雅、精致的美丽。而若你的生活态度不够美，即使再年轻，也不会让人赏心悦目。

3

我认识一个单亲妈妈，每天带小孩出门都会将自己和孩子打扮得漂漂亮亮的。

丈夫早年出了车祸，所有压力完全由她一个人扛着，既要赚钱养家，又要带孩子，辛苦程度自然是不言而喻的。

但她从不向别人抱怨自己的不幸和痛苦，反而是越发努力做好自己。

每天她总是笑容满面地出门上班，回到家以后，也长期坚持温水洗脸。当晚上孩子睡觉时，她再累再疲倦，也要敷面膜，有时候是用自家种的芦荟，有时候也用超市买来的黄瓜，这些东西不贵却是天然的美肤品。

她为了节约，衣服其实特别廉价，但出门时她一定不会随便着装，穿着拖鞋和睡衣就出去，而是尽量在有限条件下做到干净整洁，端庄得体。就是这样一个坚强独立且从不放弃自我形象的女性，生活并没有击垮她，她把那些用来顾影自怜的时间拿来充实自己，提高自己。一个人带孩子固然精神和经济压力非常大，但她能努力为自己争取一些额外的收入，一部分用于提高外在形象，一部分用于报各种培训班学习新知识。

她说，**再忙再难，或是再迷茫再痛苦，都不能动摇她认真过好当下每一天的习惯**，因为她知道，女人到了一定的年纪，容貌漂不漂亮，其实就来自对某些生活细节与习惯的坚持。

你的形象里，藏着你的生活态度。一个积极的人，总会希望通过各种细节来体现自己的涵养和美丽。如果说内在形象决定你美丽的高度，那么外在形象就是你出门在外的第一张名片。只有内外兼修，才能一直美下去。

有人说，世界上没有丑女人，只有懒女人。的确如此，二十岁的容貌是父母给的，四十岁的容貌是自己给的。丑和美与其说是一种形象，不如说是两种截然不同的生活态度。

4

一个人的形象除了外在的容貌，其实还包括你的气质、神韵，内涵是综合素质的体现。

从外在来看，一个总是懂得节制和克制自己的女人，为了皮肤，可以少吃辛辣食物，为了形体的美丽，可以长期坚持运动和跑步，为了容貌，可以坚持早晚护肤和化妆。她们的生活习惯里，有一种对美的坚持和热爱，这样的生活态度，即便不会让一个人美若天仙，但态度美了，容貌自然会有良好的改善。

从内在来看，一个人的气质，其实是从你读过的书、看过的报、走过的路里体现出来的。

奥黛丽·赫本曾说，若要优美的嘴唇，要说友善的话；若要可爱的眼睛，要看到别人的好处；若要苗条的身材，把你的食物分给饥饿的人；若要优雅的姿态，要记住行人不只你一个。

20岁的女孩拥有青春和朝气，30岁的女性拥有气质和美丽，40岁的女人拥有从容和淡定，50岁的女人拥有豁达和通透。岁月其实从不是阻碍美丽的绊脚石，如果你拥有一个积极的生活态度，努力经营好自己，那么岁月只会是你追求美丽路上的垫脚石。

你的形象其实就是你生活态度的体现，你的一言一行、一颦一笑，一伸手，一抬头，其实都饱含了你的生活态度，它们是长期浸润的结果。

你美不美，好不好看，漂不漂亮，其实最根本的是由你的生活态度所决定的。

写于 2016.11.23

最好的爱，是最长久的陪伴

1

我家单元楼里住着一对 70 多岁的老人，老两口有个孩子，已经在外地成家立业，如今就剩下二老相依为伴，不离不弃。

老爷爷在几年前患了严重的白内障，由于当时没及时医治，再加上岁数也大了，双眼就彻底看不见了。

每次上街买菜，老婆婆都要带着失明的老爷爷，平常人只需花 20 分钟就能到的菜场，他们要气喘吁吁地走 50 多分钟。

每当老婆婆弯腰挑选蔬菜的时候，就让一旁的老爷爷抓住拐杖一头，防止走丢，等老婆婆刚起身，老爷爷就习惯性地像个小孩子捏住老婆婆的衣角，生怕离开了她。

买完了菜，老婆婆一手提着笨重的菜篮子，一手牵着老爷爷，然后又踉踉跄跄地走回家。

无论刮风下雨，还是严冬酷暑，老婆婆只要一出门，就把老爷爷带着，从不嫌麻烦，不带他反而感到心里特别不踏实，还不如带上。

院子里其他老人就劝她，反正买菜要不了多少时间，就让老爷爷自己一个人在家，她速买速回。可老婆婆说，我不放心让老头子一个人在，万一有个三长两短，身边连个人都没有，多可怜啊。

所以，无论老婆婆每次带上老爷爷买菜是有多不方便，她从来不会扔下他。就这样，两个人总是形影不离，平平淡淡地过着看似令人怜悯又让人羡慕的平淡生活。

有人说，两情若是长久时，又岂在朝朝暮暮。可我想，最好的爱就是，两情若要长久时，就要朝朝暮暮。

世界上最爱你的人，并不是为你许下无数诺言的人，而是愿意花时间陪你的人，愿意对你不离不弃，愿意与你生死相依的人。一辈子的陪伴，才是最奢侈和最真挚的爱。

2

有一次生病住院，我住的病房是 2 人间，同屋的阿姨已经在这个医院住了好几个月，几乎回去没几天，又要来输液。

每天早上，她老公都会早早到水房接热水，然后用洗脸帕帮她擦拭身体。空闲时，他就会给她按摩腿和手，然后带她下床走一走，每天如此，从不嫌烦。

中午吃饭的时候，他会快速到医院的食堂买来饭菜，可阿姨就是不吃，她说她不想吃，可他还是像照顾一个 3 岁小孩一样，用勺子喂她吃饭，"就吃一口，先尝一口，最后一口"，几乎每次到了饭点，他最爱说的就是这几句。他一边把饭菜放在嘴边吹一吹，生怕烫着她，一边不厌其烦地哄她尽量多吃一点。

后来听护士说，阿姨的老公脾气真是好，得了这种病，如此照顾，是要心底有多少的爱，多少的情分，才可以做到如此细心和体贴。

直到我出院那天，他们依旧还在住院。但他对她的默默陪伴和守护，不仅温暖了我这个陌生人，也感染了很多周围病房的病人家属。

原来，爱情的浪漫并不是甜言蜜语，风花雪月。这些只不过是五光十色的泡沫，看似美丽却经不起岁月的轻轻一击。多少夫妻在遇到厄运和意外时，一拍两散，各自天涯。

而最好的爱，就是有一个爱的人，陪着你，在平淡中细数光阴的琐碎，你恩我爱，直到白了头发，弯了腰，驼了背，我依旧陪着你，一生一世。

3

前几天在公车上，又遇见了那对每天到省医院治疗的老人。看到他们时，我特别开心和激动。因为老婆婆患尿毒症十多年，一直由老爷爷带着去看病，从半年一次复检，再到一个月，半个月，一周，直到现在隔天就去一次医院，很明显老人的病情加重了。

上几个月我每天坐车都能看到他们，可最近这一个月我就再也没看见，当时心里还在想一些不好的结局。虽然他们并不认识我，可这对老人多次出现在我的文章里，每一次遇见他们都会给我带来新的感动。

原本我坐在第一排，可他们来了以后直接朝后面一排的位置走去，于是等他们坐下来，我就故意换了位置，也坐到跟他们并排的位置。

两人坐好后，他们有趣的谈话就开始了。老婆婆说，今晚我想吃火锅。老爷爷说，不能吃，火锅味道这么大，盐分又重又辣，就你这身体现在还想吃火锅？老婆婆立马还嘴道，我就要吃，死了算了，反正吃了再说。老爷爷也不服输地说道，要死就一起死，你得病这么多年，照顾你都习惯了，你不在了，我也不操这份心了，大家都一了百了。

我才认识他们不到1年，而车站的工作人员都认识他们，这个老爷爷对老婆婆那是超级有耐心，任由她怎么生气，怎么发火，怎么不讲理，他都从不向她发火。

当然车上的司机也认识他们，有一次司机问，生病这么多年，估计就你有这闲心对老太婆这么好。他说，**反正她都嫁给我了，是生是死都是我的人，我不陪她，谁来陪她呢，总不能不管不顾任由病情加重。**

最好的爱就是无论我们彼此变成了什么样子，遭遇了什么磨难，你在，我也在，然后相依相守在时光的长河里，一起经历生老和病死，永不离弃。

4

这是电影《不二情书》里老爷爷对老婆婆的一段台词：

　　"老太婆，你这一辈子不爱动，没事就坐在椅子上织毛衣。身体啊，没我那么好。你别怪我说话不好听，八成啊你会比我先走。那也挺好，你胆子小，又笨。我先走的话，家里那一大堆事你怎么处理。你又爱哭，留你一个人在那儿哭我不放心。

　　"老太婆啊，人死之前，有病，有痛，确实招人烦。不过你放心，你再烦，我也不会嫌你。我脾气不好，你要是到了那边，愿意的话，就等一等我。

　　"如果你不愿意，你就找一个脾气比我好的，我也答应。那咱俩就说好了，墓碑旁边我会空出一块，到时候把我的名字刻在你旁边，你看行吗？好了，赶紧地把衣服给换了，丑死了。"

　　深情不及久伴，大爱无需多言，真正的爱就是有个人一直守候在你身旁，你年轻时，他在；你老了，他也在；甚至是直到垂暮之年，奄奄一息时，他依旧在。

　　真正爱你的人，不一定是那个说爱你的人，而是那个一直陪在你身边不离不弃的人。因为陪伴，真的是最长情的告白。

写于 2016.10.30

我们要学会过单调的生活

1

刘姐的女儿今年刚满3岁，就是个十足的手机迷。无论走到哪里，如果她没见到手机就会哭着闹着回家。所以每次刘姐出门都随身携带手机作为女儿的"玩具"。

有一次我们到农家乐玩，到了以后，她就安安静静地把手机拿出来在那里看动画片，整个下午就一直沉浸在手机里，不跟我们说话，也不与院子里其他的小朋友玩。

刚开始你会觉得带这样的小孩很省事。可到了晚上吃饭的时候，她居然闷闷不乐地走到刘姐身边说，妈妈我不玩了，好无聊啊。

当时我真的无法想象从一个3岁的小女孩嘴里能说出"无聊"这两个字。

再看看隔壁桌的那两个小孩，一个下午就在院子里徒手捉蚂蚁，捉蝴蝶，捉蚂蚱。还在一处有沙有土的地方捏小泥人，全身弄得都是泥巴……玩得满头大汗，不亦乐乎。

现在的父母在孩子很小的时候就提供过多的消极娱乐的活动，如 iPad、电影、游戏、精美的玩具等。

他们丝毫没有意识到让孩子通过自己的努力创造快乐，是一件多么重要的事。

也许在大人看来非常无趣的小事，在小孩子看来就是乐趣无穷，因为他们在动脑动手、协调全身的力量和感官去做一件事时，越是投入，就越会感到快乐。

罗素就曾说，忍受一种或多或少单调的生活的能力，是一种应在童年时代就培养起来的能力。

我们总是担心孩子无聊，于是想尽办法让他们不无聊，其实越是阻碍他们通过自己的努力去发现大自然的美好，发现生活的乐趣，才越会让他们感到无聊。

2

我隔壁家的邻居张姐是一个特别不能忍受孤独、忍受寂寞、忍受独处时光的人。每次一遇上她老公出差，她儿子上学，她一个人在家时，就特别坐立不安，总感觉日子没了魂儿，没人陪伴的日子，找不到一丝乐趣。

于是她每次一个人在家的时候，总要呼朋唤友，跟一群人玩，才能让自己开心起来。比如吃夜宵、打麻将、玩扑克，用这些娱乐方式来排解生活的单调。

到了晚上的时候，她宁愿把家里的电视机开一夜，只有听到一点外界的声音，她才能安心睡觉。

我们总是过多地将生活依赖于外部条件，似乎一个人过就百无聊赖，手足无措，不知如何是好。

叔本华曾说，在独处的时候，一个可怜虫就会感受到自己的全部可怜之处，而一个具有丰富思想的人只会感觉自己丰富的思想。

我们越来越不能忍受所谓的单调生活，必须要过上一种高档次、高规格、高水准的群居生活才叫生活。也就是说，我们缺乏过单调生活的能力。

其实单调的生活并不是说要将就凑合地过毫无生气的日子，而是说生活其实就应该在原本的平凡本质里找到快乐和乐趣。

一个会过生活的人，是能从日常的一蔬一菜、一草一木里把生活过得满足和幸福。即便一个人独处，也不觉无聊。

就如梭罗在《瓦尔登湖》里描述的那样，我愿意深深地扎入生活，吮尽生活的骨髓，过得扎实，简单，把一切不属于生活的内容剔除得干净利落，把生活逼到绝处，用最基本的形式，简单，简单，再简单。

3

我有一个朋友，她的手机是最老款的诺基亚，而且还不是智能机，平常在家也很少看电视，就连参加聚会也是很少有的。但她的性格依然开朗外向，根本不孤僻。

每个周末她几乎总会给自己留一天，过独处且单调的生活。通常她一个人的时候，就会自己买菜做饭，做家务，闲下来的时候，就看书、写字、烘焙、插花，或者静静地窝在沙发上，听外面的滴滴雨声。

她从不感到日子单调，她说生活原本就是单调的，你若试图每天都把生活打扮得光彩照人，时刻不离开人群，不离开聚光灯，其实是一件很危险的事情。

总有人埋怨日子过得无趣，没有意思，似乎做什么都提不起兴趣。但有时候我常常想，一个人既要动起来为鲜活的日子而努力有时候也要学会独自面对看似毫无生趣的生活。生活要有闹，有静，有快，也有慢。

只是更多的人喜欢追求又快又闹的生活，一旦停下来就感到无聊。学会过有趣的生活是一种能力，学会过单调的生活更是一种能力。

4

其实我们所谓的有趣的生活，更多意义上是一种生活态度，是无论生活条件贫乏与否，都要有一种积极乐观的心态，把日子过得饱满丰盛。

但生活其实在你没有用心和细心去感知时，它原本就是单调的。如果否认这一点，那么一个人是怎么也无法把日常生活过得真正有趣的。

所谓的单调生活其实就是简单，朴素，自然。

一个人只有学会在单调的生活里也能过得自得其乐，也能从内在找到一种平衡孤独的能力，那么他才会真的幸福。

就如黑板一样，正因为它的底色是纯黑的，所以无论你用什么颜色的粉笔在上面涂画，都能画出你想要的色彩。

生活也是一样，它原本就是淳朴的，不加修饰的，有时候甚至是孤独的，枯燥无味的。你只有接受了这样的生活，学会在这样的生活里自我调和，那么当你稍微给它上色时，生活就会变得多姿多彩。

有人曾说，不是生活无趣，而是你无趣。这话有一定的道理，但也不全是对的。

某种意义上，生活本来就是无趣和单调的，你若学不会在这本来无趣且单调的生活里找到自我平衡、自我排解、自我消化的方法，那才是真正的无趣。

我们不用每天都去过这样"单调"的生活，但你必须具备过这种单调生活的能力。

写于 2016.10.26

爱美，是一种积极的生活态度

1

我刚毕业参加工作时，几个姐妹一起租了一套房。每天早上我们都会同时起床，同时出门，干什么事情都是同步的，唯独有个朋友例外。

她总是会比我们早起30分钟，这30分钟她要化妆，做头发，选香水，吃早餐。当她已经干净利落、庄重大方地收拾好自己，一副精致的面孔，一身得体的着装，一腔饱满的精神站在我们眼前时，我们才被最后一次闹钟叫醒。

我们一翻身起床以后，就各自忙乱，用5分钟洗头，3分钟穿衣服，2分钟刷牙……而就在我们匆忙收拾的25分钟内，当我们睡眼惺忪、萎靡不振、昏昏欲睡、匆匆敷衍了事时，她正安静地坐在客厅的沙发上，拿起一本世界名著，津津有味地看着。等我们收拾完毕，她几乎已经看了30页，然后放下书，与我们一起出发上班，每天都如此。

她总说，每天早起30分钟，是对自己负责，是对全新的一天负责，是对美好的未来负责。因为每一天都是鲜活的一天，都需要你用最好的状态去迎接。而早睡早起，拥有规律的生活，利用睡懒觉的时间就可以把自己变得更美丽。

有人说爱美是女孩的天性，其实爱美是一种积极的生活态度，真正的美丽需要你付出时间和精力去塑造和培养，它不仅关乎外在的美貌，还关乎心灵的充实。

一个真正爱美的人，会摒除懒惰和散漫，会严格要求自己的容貌和精神世界的点滴成长，让自己以最积极向上的精神、最健康的面容和姿态，面对每一天的生活。

2

我朋友圈有个朋友，每个周末，当我们还在温暖的被窝里玩着手机、刷着微博时，她就早早地跑步到了河边，吹吹河风，散散步，既呼吸了新鲜的空气，也锻炼了身体，更重要的是达到了保持好身材的目的。

她的体重从未上过3位数，不胖不瘦，身材总是刚刚好，没有多余的赘肉，也不会瘦得没了曲线，而这一切都得益于她对自己体型的严格控制。

她总说，一个不能控制自己体重的人，何以控制自己的人生。所以无论寒冬酷暑，她都坚持早起晨跑，这样的习惯是一举两得，因为跑步既可以让身材趋于完美，也可以锻炼人的毅力和恒心。

每次跑完步的周末，时间较为充裕，为了保持皮肤的水润和弹性，她都会不嫌麻烦地花 20 分钟为自己榨 500 毫升的新鲜苹果汁，或者橙汁，或者其他水果，搭配谷物，用最健康最美好的早餐迎接崭新的一天。

其实她的一切生活习惯并不单纯是为爱美，在这些行动中，我们看到了一种积极的生活态度，一个舍得为自己的美丽花心思、想办法，在一个健康的生活习惯里不断坚持的人。不得不说，美丽就成了她们自己的代名词。

美，包含内在和外在。假如没有外在美，内在美是很难被发现的。但若你拥有了内在美，外在美就更是一件锦上添花的事。外在美需要不断保养的毅力，而内在美更是在追求外在美的过程中日渐凸显。

当你为了自己的容貌付出心力时，其实就是为自己美好的生活而努力。

3

朋友有个闺密，会在每晚睡觉前花 10 分钟把第二天的衣服、鞋子、饰品、包包都准备好，无论再晚，再累，她从不会让自己松懈。

她是一个极其重视衣着打扮的人，她的衣橱从来不会出现多余的、不适合自己的衣服。她的衣物并不算多，却在极其有限的经典款式中搭配出属于自己的风格和品位。

她从不会第二天起床后把衣柜翻个遍，然后凑合匆忙地选一条裙子，敷衍自己。她必须做到在穿之前心中有数。她每次着装都会考虑到明天的情况，比如举行会议，她都穿一身灰色系列的职业套裙，显得庄重；在与朋友聚会时，她会选择随和的衣服，从不会喧宾夺主，抢真正的女主人风头；在周末，她又会搭配随意自然的 T 恤加牛仔裤，显得轻松愉快，又不失活力。

她几乎从没有穿错过衣服，在衣橱资源并不算富足的情况下，将自己装扮得自然得体。

某种意义上，你的穿着会在第一时间给别人传达你这个人的性格、修养和气质。

真正的美丽，虽然不仅仅囿于你的衣着外貌，但一个不会打扮自己、不顾及自己形象、在公众场合邋邋遢遢或者着装不合时宜的人，她的人不美，生活态度也是不美的。

毛姆曾说，美是一种无法控制的强烈感情，就像饥饿一样。爱美不仅是单纯地为了让自己看起来赏心悦目，更重要的是亮明一种生活态度，你的态度美了，人也自然跟着变美了。

4

民国最后一位贵族郭婉莹，在上海的风雨中生活了半个多世纪，用她的美丽和倔强写下了传奇的人生。

她从一个千金大小姐到"文化大革命"时被派去洗厕所，在许多人的回忆录里，只要一提到洗厕所，就带着被侮辱的愤怒。而她始终没有抱怨过，即便去刷马桶，也要穿着优雅的旗袍。

她说，那些劳动，有助于我保持身材的苗条。

在她去世的前一天，依然坚持打理头发和化妆。最后，90 岁的郭婉莹自己上了卫生间，然后回到床上平静地告别了浮沉缥缈的人世。

爱美，是每个人一生的修行，也是我们需要修炼的生活态度。

5

杨澜曾经说过，没有人有义务通过你邋遢的外表去了解你丰富的内在。任何时候、任何环境，我们都不应该放弃对自己内在和外在形象的注重和修饰。

一个好的形象不仅是对别人的尊重，更是对自己负责，如果你连自己都将就，谁还愿意来尊重你呢。

你不能因为今天不出门就穿睡衣窝在家里看韩剧，也不能因为和相熟的朋友出门就灰头土脸不打扮，甚至因为失恋而不吃饭不睡觉面如菜色，你不把自己往更好的方向发展，又怎么知道自己是不是配得上更好的生活和更好的人呢？

每个人都应该有一颗爱美之心，人生就是一个寻美的历程，爱美更是一种生活的态度。

写于 2016.10.22

你就差一个一咬牙、一跺脚的开始

1

朋友小蓝最近又足足长胖了10斤，眼看换季的衣服尺寸不对，全要罢工，她决心减肥。

可昨晚我们在一起吃饭，面对油腻腻的火锅，她看似犹豫不决，但又心安理得地将肥牛肉一片又一片地放在锅里涮。每吃下去一片，她就会在嘴里念叨从明天起开始减肥。

可是自从我认识她以来，我听她的"从明天起"已经过了整整两年。我不知道她所谓的明天，究竟指的是哪一个明天。

很多姑娘，也许都有这样的减肥经历。

说好要减肥，发过毒誓，立过字据，甚至还在朋友圈让众友友情监督，但只要看到一串又一串的烧烤，一盘又一盘的鱿鱼，一杯又一杯的奶茶，总会管不住嘴。

一边安慰自己，其实吃这点儿不会长多少肉，明天少吃一点减回来，可到了明天，肚子一饿，又什么都忘了。

大多数人减肥失败，总是给自己找无数理由，其实真正的理由就是

缺少一个一咬牙、一跺脚的开始。

不仅减肥，生活里、工作上，你总有很多想要做的事，但每一件都扔给了所谓的明天。当然那些心想事成的结果，也随你的借口一起留在了所谓的明天。

2

曾经有个读者认真地问我，如何才可以写作。因为每天的生活都乏善可陈，并没有多少新鲜有趣的事情，所以也写不出什么惊世骇俗的故事和哲理。

我告诉她，只要坚持把每日的所见所闻，即便是发生在自己身上的微不足道的小事记下来，也可以当练笔。

写作的天赋，其实都是从大量的练笔中得来的。这之后，我还告诉她了一些我自己在写作中的心得体会。

可跟她讲了很多以后，**她告诉我，这些道理，她都懂。等有空了，等有时间了，她再来尝试。**

自从连续写作以来，我遇到了太多这样的咨询者，不管我说得如何细致和用心，他们最后一句话就是谢谢你的建议，我有空试试看。结果这一等又等了半年。

我们曾说，冰冻三尺非一日之寒。**你总要先起步，先开始，先着手，才有可能从量变到质变。**

也许你会说等灵感来了再写，但你连基本的叙述都写不清楚，即便灵感来了，也写不出自己真正想要表达的东西。即便是一生只写一本就成世界名著的作家，也曾写了不少废稿。世界上天才真不多，你不能妄求毫无积累就名声大噪。

每个人都拥有梦想，在出发以前，梦想只是一粒躁动的种子。出发以后，梦想就播进了生命的土壤里，萌芽，抽叶，绽蕾，结果。

我们常常在年轻体盛的时候抱怨成功路上所经历的坎坷太多，道理太长。

当你在该奋斗、该为梦想努力的年纪，就应该试着给自己一个抵制懒惰、咬牙坚持的开始。如果你一直踟蹰不前，犹豫不决，左思右想，也许等到满头华发，也没干成一件事。

再长的路，一步步也能走完；再短的路，不迈开双脚也无法到达。

3

我有一个朋友也是上班族，每个月拿着胀不死也饿不死的工资，但她一直都告诉我，特别想要去看极光。可极光圣地都在国外，比如芬兰、美国的阿拉斯加、俄罗斯的摩尔曼斯克。

原本想着出国一次，费用特别高，时间也比较紧，但她一直在网上和平时的讯息里关注。终于在前几日，她在某旅行网站上看到正在搞限时活动，价格适中，而且本次是在摩尔曼斯克，据说今年的极光大爆发，非常美。

于是朋友立即决定在明年1月份过年的时候去。我问她，去了就一定看得到吗？也许下雨天，你就什么也看不到，不就亏了？

但朋友说，如果你不去，那下次也会以同样的理由推迟，也许这一生你都看不到极光了。

朋友说想要体验一把被自然震撼的感觉，想要感受生命的微小，想要看看未见的世界，脱离自己生活的圈子去冒险去探寻，她终于一咬牙，提前走在了实现梦想的小路上。

当我问她具体需要多少钱和时间时，才知道费用其实并没有想象中那么昂贵。对于大多数人而言，一定觉得这样的旅行会困难重重，但若你愿意去开始，其实再大的梦想，看起来吓人，其实只是一个纸老虎。

很多人想寻找诗和远方，其实并不难。你只是靠脑子想，困难就会越想越多，你不开始起步，永远也到不了梦想的朝圣地。

4

你会不会买了很多书，其实从来不看，还总是一边在刷朋友圈，一边埋怨没时间看几页书。

你会不会制订了很多计划，其实从来不执行，总是嫌行动太麻烦，却不厌其烦地打着游戏，一步一步艰难地闯关。

你会不会喜欢一个人，但从来不对 ta 表现出爱意，总是害怕被拒绝，却抱着极大的勇气去玩蹦极。

很多事情，其实我们都差一个开始。我们总是找各种理由不肯向前，也许是害怕失败，也许是无法克制惰性，也许是自律意识不强。

你只要一点点开始，其实生活里的很多难题并不像夸父逐日、愚公移山、精卫填海那样难。

你只需要打开书页，从最小的计划开始执行，从一个电话开始，跟喜欢的人聊天。总要尝试着把手伸出来，人生中的很多"彩蛋"才可能砸中你啊。

其实开始并没有那么难，你不必等到风平浪静再出发，你可以乘风破浪去赶海；你不必等到万事俱备再启程，你可以恰逢东风就出征。

你只有出发上路，才有可能实现梦想。你的脚只有踏入行程之中，才可能遇见沿路最美的风景。你只需要一跺脚、一咬牙的开始，人生就会像开了挂一样，会有更多的惊喜等待你去发现。

写于 2016.11.29

她在乎的是你吵架时的态度

1

上个月朋友约我一起晚饭，我们正聊得开心，她的电话响起，但她却没接，我以为是骚扰电话，也就没在意。可接下来的聊天里，朋友的手机一直不停地响，我问她，是谁啊，怎么不接呢？

朋友说，还有谁呢，就是我男朋友啊。我更感到意外，既然知道是他，你还故意不接？

朋友说，他怎么对我，我也怎么对他。

原来两个人经常为了鸡毛蒜皮的小事吵架，但每次男友都是不回应，你爱怎么着怎么着的态度。

比如有一次她过生日，他却忘记了日期，她哭着闹着耍脾气。**其实她要的不是他的礼物，而是他的在乎。只要他好好哄哄她，其实这件事也就过去了。**

但他却不解释，不回应，因为在他看来既然忘记了也就算了。可他并没有考虑到女友的情绪，他对于她生气时的态度就是沉默，甚至更偏向于冷漠。

结果就在昨天，朋友告诉我，两个人彻底地分了手。她说跟他在一起，没分歧时彼此都还好，一旦有一点矛盾，他的态度就如你在对牛弹琴，甚至像自作自受，他根本不理你，实在忍不了。

其实大多数人吵架，他们在乎的真不是吵什么，而是吵架时彼此的态度。

即便你不喜欢解释，至少也要在沉默的方式里有行动表示你很在意对方，任何一次吵架其实双方都有或多或少的责任，吵架时不给对方回应，就如同让对方唱独角戏。连吵架的机会也不给你，这才是吵架时最让人寒心的。

2

多多跟男友在去年因为"过年回谁的家"而闹得不可开交。双方都是独生子，都想回家陪自己的父母。可由于两家人天南地北隔得非常远，只能选择走一方。

于是矛盾自然就来，女方家想见见未来的女婿，男方家想见见未来的媳妇，而且中国人过年，亲戚朋友都在，带上男女朋友回家更显得正式。

当时我还劝多多，其实这个事情也好处理啦，大不了各回各家，各找各妈。找个其他小长假再带回家见双方父母也不迟啊。

可多多跟男友执意要在过年带对方回家，最后一个很简单的问题，因为彼此吵架时的态度不好，而上升为"你爱不爱我"的高度。

当两个人吵得最激烈的时候，男友说了一句，算了，我懒得跟你闹，你想怎么样，随你便。

这句话彻底惹怒了多多，她说既然随我的便，那就分手好了，只有这个才是最好的办法。

后来两个人也的确分手了，据说分手的原因就是男女双方态度太随便，不负责任，爱说丧气话。一吵架，男方就是一副我不想理你的样子，连道个歉也不认真，还要在对不起后面加一句多余的"行了吧"，故意惹是生非。而多多呢，也做得不够好，只要吵架就无理取闹。

其实恋人之间吵架从深层次看是一件好事，因为这样至少表明彼此都想要把自己真实的感受呈现给对方，有沟通和交流的欲望，但很多人却容易把吵架演变成一件坏事。

负气式的道歉以及高姿态的对抗，都不是吵架真正需要的。吵架不可怕，怕的是你吵架的态度让没让对方感受到你丝毫的坦诚和爱意。

无论哪一对恋人都有拌嘴闹脾气的时候，吵架的目的不是为了争个对错和高下，而是为了达到彼此了解和懂得。

3

我家院子里有一对夫妻就是越吵感情越好。很多夫妻都是每吵架一次，感情就减一分，而他们却是每吵一次，感情就加一分。

那他们的秘诀在哪里呢？

有一次我很晚回家，在二楼过道上，听到两个人吵架，声音特别大，好像是妻子责备丈夫长时间打游戏，而丈夫又在为自己辩解，我原本以为这样一闹，估计三天都不说话。谁知道第二天早上我出门下楼时，居然听到妻子在厨房忙着做早饭，还问丈夫早上想吃稀饭还是面条。

当时我笑了笑，昨晚闹得乌烟瘴气的两个人这么快就和好了？

其实中国有句古话就是，夫妻吵架床头吵、床尾合。他们吵架几乎从不过夜，一件事情，过了就过了，错了就错了，再争执和闹脾气反而会伤感情。吵架后彼此要懂得包容和退让，吵架的态度其实远远重于对错的问题。

而且他们吵架还有一个特别大的优点，就是从不提离婚和分手。有一次两个人吵得摔东西，不过妻子摔坏的都是家里不值钱的东西，比如花瓶啊杯子啊，而丈夫呢，气急败坏时也没想过摔门而去。

虽然摔东西是不对的，可过不了多久，两个人居然吵着吵着就笑了起来，然后一起收拾家里，当然这样的情况是很少的。他们相较于平常夫妻吵架的优点就是怎么吵都不闹分手。

两个人的相处怎么会没有碰撞磕疼的时候呢，但聪明的人懂得只要我还爱你，无论吵架因为何事，只要不是不可逆转的大事，绝不轻易说再见。

吵架只是一时，有时候或许只是对对方某个行为的不满，或者只是为了宣泄情绪，却不是对这个人全盘的否定。

4

曾经有个研究显示，世界上最幸福恩爱的夫妻，一辈子里，都有至少 200 次离婚的念头和 50 次掐死对方的想法。

生活里难免磕磕碰碰，口角常常发生，吵架并不是为了给彼此的感情划上累累伤痕，吵架的最终目的是为了和解。

很多恋人在吵架时，都用了一个错误的吵架态度来对待彼此的分歧点。

在吵架这件事上，女性和男性思维上还有些不同。男性更多在于讲道理、事实和依据，而女性更偏向于感性。和女性吵架，最主要的是你的态度，你说什么不是最重要的，你怎么说才是关键。

其实真正愿意跟你吵架的人，多半也是带有爱意的。因为谁会傻到有事没事跟一个对自己不重要的人唠叨和啰唆，甚至想通过各种言语的沟通来让对方理解自己呢。

情侣吵架根本就不是为了讲道理，明是非，而是为了爱的吵架。作家毛姆就曾说，感情有理智根本无法理解的理由。

她怪你玩手机，是想你多陪她。

他怪你话太碎，是想你包容他。

她怪你不送礼物，是想你在乎她。

他怪你指手画脚，是想你给他面子。

好的吵架方式就如王小波曾说："只希望你和我好，互不猜忌，也互不称誉，安如平日，你和我说话像对自己说话一样，我和你说话也像对自己说话一样。"

其实好的感情就是相处不累，有些恋人吵架，总是胡搅蛮缠，变本加厉，捕风捉影将矛盾扩大。而有的人即便吵架，也是就事论事，总会照顾到对方情绪，也能猜出对方真正的心理诉求。

最伤感情的其实从来不是吵架，而是你吵架的时候是以什么态度对待 ta。

写于 2016.11.20

第五章

一个女子最可爱的地方

我把我整个灵魂都给你，连同它的怪癖，耍脾气，忽明忽暗，
一千八百种坏毛病，它真讨厌，只有一点好，爱你。

你的兴趣爱好，决定你的生活品质

1

娜娜是个大龄女青年，平常工作忙，到了周末好不容易休息两天，都会早早地起床，到集市买蔬菜瓜果，回家自己做美食。

她的早餐会选择自制一杯酸奶，然后在上面撒些黑芝麻，放几颗草莓，再搭配她自创的花卷，看着都很好吃。通常她会自己在厨房倒腾1小时，就为吃一顿丰盛的早餐。

昨天中午她想要吃蔬菜沙拉，于是选择在家自己做。番茄粒、黄瓜片、紫薯条，还有生菜叶、土豆泥……所有的食材加一起，淋上色拉油、盐、柠檬汁和蜂蜜，然后用紫菊装饰入盘。她说自己做的味道，跟外面比，一点儿也不差。

有一次晚上她肚子饿了，想要吃蛋黄酥。我以为她会到楼下买，结果她又把烤箱搬出来，自己做。烤好后的成品色香味俱全啊。她把照片发朋友圈，大家都直流口水。

娜娜特别喜欢做美食，却是不胖不瘦的标准型身材，她说只要控制好量，懂得适可而止，就可以既饱口福，又有腰身。

爱好烹饪的人，大部分都是热爱生活、性格温和的人。因为做饭绝不是一件轻松的事，为了一顿并不需要多少成本的饭，更多的人选择外卖；而能安心自己做，从买菜、洗菜、做菜、洗碗，还要整理厨房的工序来看，非常麻烦。

而一个拥有生活品质的人，懂得健康才是最重要的，他们愿意通过自己有益身心的劳动来消磨空闲时间。周国平曾说，排遣的方式，最能见出一个人的性情。

一个喜欢做美食的人，生活一定是多姿多彩的，而非吃什么都无味无趣，凑凑合合地饱一顿饿一顿。他们懂得生活要讲究地过，既要过得有品质也要有营养。

2

菲菲是我见过在业余时间最不无聊的人。因为很多人的周末和空闲时间都是玩手机、打游戏，或者追韩剧，而且越是这样过，越是感到无聊。

菲菲却只需要花很少一点钱，就把生活过得趣味无穷。

比如下班回家，她就特别喜欢做一些 DIY 的小玩具，做橡皮章就是她的兴趣爱好之一。她会首先隔着硫酸纸用 HB 铅笔在橡皮砖上画出任意一个喜欢的造型，再用橡皮章刻刀在橡皮砖上雕刻。做出来的成品样式很多，有皮卡丘、柯南，还有哆啦 A 梦。

菲菲还喜欢做零钱包。她会在网上买一些价格并不贵的边角废弃皮料，自己做很多形状不同、颜色拼接的小包包，然后在包包上刻上一些自己喜欢的花纹图案。我记得去年很流行流苏型的包包，她真的就自己做了一个，虽然做工和材质跟商场的没法比，但这样的用心和乐趣让大家赞叹不已。

菲菲特别喜欢做手工活儿，这些看似无用却充满乐趣的爱好，让她在闲暇时间过得更充实，更有意义。菲菲虽然没受过专业训练，但手工活做得非常精致和用心，还在网上开了一个店，据说生意还不错。

一个喜欢动手做手工的人，生活其实是过得非常有趣味的。他们不凭借太多娱乐的外力，就可以填充自己的生活。他们几乎很少感到孤独和寂寞。

王小波曾说，人最怕的就是无趣。其实无聊就是在某种意义上丧失了乐趣。无聊虽然不可避免，但拥有自己的爱好、丰富的内心，再普通的日子也能过出妙趣横生、锦上添花般的诗意。

3

我的朋友圈有个朋友，特别喜欢插花，无论在哪里她都要尽可能地找到插花的道具和乐趣。

比如有一次我们去郊外野炊聚餐，在路上大家喝空的饮料瓶都扔了，但她却把它放在包里。

等我们坐下来休息的时候，她从随身携带的包包里找到一把剪刀，然后在瓶口剪出一个心型的形状，在瓶子里装一些水，在河里找到一些鹅卵石，用郊外随处可见的狗尾巴草、芍药花，还有一些紫色的小野花，一枝枝轻巧可爱地插在瓶子里。等我们烤好食物时，她就把这瓶花放在餐桌上，那顿饭显得格外精致有品位。

只要她有时间，家里几乎每个房间都有她的插花，而且花的价格都不贵，很多都是她下班在路上买的打折花，既优惠，质量也没差多少。

有一次我到她家，她告诉我很多插花的秘诀，比如在颜色上，淡色的花应插低，深色的花应插高，这样花才有层次感。在花朵枝叶方面，一般要上疏下茂，高低错落。那天我在她家学了一下午，过得非常开心。

朋友说插花其实是一项门槛很低的兴趣爱好，并不需要太多钱来堆砌。也许平常你买的几束鲜花，再配上一些简单的满天星和勿忘我，就可以得到一盆美丽的鲜花。插花的女子拥有一颗诗心，用诗心装扮生活，那么再普通的日子、再普通的地方，都可以充满生机和希望。

拥有兴趣爱好的人，他们保留着一颗"活"心，对生活充满了激情和渴望，而不是整日闲坐，无所事事；他们在柴米油盐酱醋茶的日常生活中，找到了琴棋书画诗酒花的趣意。

4

香港四大才子之一的蔡澜曾说，女人最让人爱的地方是哪里？是真实吧，还有自由，还有独立、礼貌、善良、理智、情趣。

一个人的兴趣爱好，最能代表你的生活情趣。每个人每一天除了工作生活学习的时间外，真正属于自己的时间并不多，如何运用这些闲暇时光，就决定了你的生活品质和情趣。

劳伦斯曾说，人若能对每一件事都感到兴趣，能用眼睛看到人生旅途上时间与机会不断给予他的东西，并对于自己能够胜任的事情绝不错过。在他短暂的生命中，将能够汲取多少的奇遇啊。

除掉睡眠，人的一辈子只有一万多天，人与人的不同在于，你是否真的活过了一万天，还是仅仅活了一天，却重复了一万次。这中间的区别就是你是否有兴趣爱好。

一个没有爱好的人，空闲时间只会喝酒打牌抽烟玩乐，生活看似光鲜亮丽，实则毫无乐趣。因为一旦停下娱乐，很多人都会感到空虚和孤独。

但一个人若有正当的兴趣爱好，能在平常的日子里为自己找到打发时光也娱乐自己的方法，即便一个人也能过得活色生香。

一个人的兴趣爱好决定了一个人的生活态度和生活质量，追求爱好的同时，也让生活充满了情趣。一个人若没有爱好，其实是非常可怕的。

因为真正有趣的生活，多少要有点益智身心的兴趣爱好。

写于 2016.11.13

我在乎你，才会很小气

1

夕文跟向明是我的朋友，他们谈恋爱有 3 个月了，本来两个人感情一直很好，昨晚还煲了两个小时的电话粥，但今早夕文突然闹起了别扭，发短信不回，打电话不接，请她吃饭也推托不见。

可分明昨晚两个人还好好的，怎么一晚上不见，夕文就变了呢？于是这一次，向明又让我当了一次侦探。

经过我的了解，原来昨晚两人打完电话以后，向明发了一条朋友圈，就是这条消息让夕文生气了。

向明一直不爱发朋友圈，即便发也是正能量的文章和图片，可昨晚他发的居然是一条推销面膜的广告。点进去一看是一个长得特别漂亮的女孩作为代言人，在广招微商。

其实这条消息我也看到了，当时我也觉得向明怎么突然发了这条消息，因为不属于他常有的风格啊，但看了以后我也就过了。

可夕文却上了心，她说他一定喜欢广告里的这个女孩，不然怎么会破例为她宣传呢，我一听才知道，原来是吃醋啦。

向明知道以后，哭笑不得，因为这条广告里的人是自己的表妹啊。后来他们言归于好。平常看着如此大气温柔、善解人意的夕文，在爱情面前就突然变成了一个小孩子。

夕文说，曾经以为自己就是一个知书达理的女孩，不爱吃醋，也不属于这么撒娇和小气，原来恋爱时，大家都一样。

当你真正喜欢一个人的时候，尤其是女孩，就会变得特别小气，其实不是小气而是在乎。别人碰你一下，我都觉得是在跟我抢，你多看别人一眼，我都觉得自尊心受了伤害。

张爱玲曾说，一个不吃醋的女人，多少有点病态。

2

今年情人节，大妮的男友送给她一条施华洛世奇的天鹅形项链。大妮特别开心，因为无论礼物贵重与否，这代表了男友的心意啊。于是大妮每天都把它带在脖子上，即便到了冬天，脖子特别冷，她也非要带上。

前天她男友过生日，办了一个 party，男友的很多好朋友，也包括他那如死党般的女闺密小妍也来了。**女孩子见到男友身边随时有个红颜知己，多少还是有些介意。**

那天中午吃饭时，空调温度有些高，于是那个小妍就把外套脱了，大妮突然看见她脖子上也带了一条跟自己一模一样的项链。于是大妮故作镇定地说，我们真有缘分啊，项链都一样，你在哪里买的呀？

小妍说，我过生日时，你男友送的啊。她接着说，他就不会为女生买礼物，无论谁都买一个礼物，你不要放心上哈。

这可把大妮气得火冒三丈，她借故不舒服就离开了。晚上我给她打电话安慰她，她说，我男友是什么性格和习惯我不知道啊，非要她来教我，而且他送我礼物也不够真诚，送给我的居然和送给女知己的一模一样。

后来男友解释说，礼物虽然一样，但心意不一样啊，男孩子嘛，没那么多花花心思，也不会选女孩的东西。话虽然没错，可在爱情里面，它就有些没道理。

大多数男孩觉得女孩一恋爱就喜欢吃莫名其妙的醋，他们认为既然我承认你是我女朋友，就无须再在细节上去特别地区别对待。而女孩不一样，她们越是在乎你，才会变得越小气。

一个在恋爱里不会吃醋的女孩，要么不爱你，要么就是不再爱你。

3

小秋和男友有一次在一起吃饭，在等待时觉得无聊，自己的手机又没电了，于是就征求了男友意见想玩他的手机。

男友说没问题啊，然后就把手机给了她。但小秋在翻看手机里的相册时发现，男友手机里居然还留有好几张前任女友的照片。

于是出于好奇心，她翻看了他的通讯录，结果里面居然还有前任的电话，但这不是重点，重点是标注的联系人名称还是宝贝。这可是专属于她的名字啊。

结果服务员端来饭菜以后，她居然吃也没吃，就生气地走了。

男友说，有前女友的电话很正常啊。小秋说，我不介意你有她的
电话，但介意你给她的称呼，还有，已经分手了两年，你居然还
要留着你们恋爱时的照片？

男友觉得她太无理取闹，有照片看看不行啊，有电话打打也无
妨啊，再说这些东西真是自己一时忘删除了，根本不用这么大惊小怪。

很多女孩子都跟素未谋面的前任有深仇大恨，其实她们不知
道，自己也可能是其他女孩所忌讳的前任啊。

**所谓的前任危险论其实根本不存在，很多问题都是因现任男友的处
理方式不当而引起的矛盾。**

你若爱一个人，就要让她安心，不是绝不跟前任联系，而是
关系一定要清楚明朗。毕竟过去的人已经过去，即便你有任何理
由，也不应该留有让现任女友怀疑的因素和证据，让她去猜。真
正聪明的男孩，不会让自己与前任的关系含糊不清。

**大多数女孩在恋爱时，都会或多或少地吃醋，一份真正的感情，是
在醋缸里添加蜂蜜的酸甜感觉。但醋这种东西就跟酒一样，小醋怡情，
大醋伤身，适度就好。**

4

有人曾说，你在意什么，什么就会折磨你。确实是这样。越长大
越发现，对于任何性质的感情，真正能引起你情绪波动的，其实才是你
真正在意的。

你爱一个人的时候，刚开始什么都会介意，到最后又什么都能原谅。
因为爱，所以在乎，想要成为恋人眼里的唯一，想要霸占对方的

一整颗心，想要成为 ta 生命里最美的一朵花。

好的感情，是彼此独立又相互依偎。根在泥里紧密相连，但树干却各是各的分别在成长。但过分的独立，过分的强调不以他喜不以他悲，这是做不到的。**尺度要有，就如吃醋是正常的，过度和没有也是不行的。**

我在乎你，才会很小气，因为我不是对所有人都这样。因为在乎你，所以一旦发现任何蛛丝马迹证明你不属于我，我就特别着急和害怕。

很多男孩觉得女孩一旦恋爱，曾经的淑女形象就不复存在，就各种蛮横不讲理。其实大部分女孩的撒娇和任性，都是因为太爱你。

没有人会对一个完全不在乎的人发脾气，因为没必要啊。就如恨一样，某种程度上，恨也是一种爱。**真正的淡漠和不在意，是无论你干什么，都与我无关的风轻云淡般的坦然和从容，而非时时刻刻在意你的一举一动。**

当一个女孩不计较你对她的冷漠，也不吵闹你对她的不贴心，也不会为你跟其他女生在一起欢乐地玩耍而吃醋时，她就不爱你了。

如果有一天你发现我不再计较那么多，那不是体谅，是放弃。

写于 2016.11.12

我喜欢被喜欢的人，打扰

1

朋友畅畅曾经是一个非常黏人的女孩，上班时间遭遇堵车，手上划了一道小口，雨天踩到石板上的"地雷"等等，都会事无巨细地告诉男友。

可她男友似乎太忙了，没有时间关心她这些鸡毛蒜皮的小事。每次她在微信里跟他发一大串的语音、文字和表情，他通常只会看最后一条，根本无心往上面翻。

每次她激动地说着自己的一件囧事，而他几乎是云里雾里根本把事情串联不起来。畅畅正说得兴奋时，他会冷不丁地问一句，你刚才讲到哪里了？畅畅的心情突然就跌入谷底，不想多做解释，只是让他把聊天记录从头认真看到尾就明白了。

久而久之，畅畅就很少在微信上找男友聊天了，周末也不约他一起玩，有什么大小事也不跟他分享了，她说，感觉自己太打扰他了。

昨天畅畅收到一条微信，打开一看，居然是男友发来的。男友说，最近你怎么都不联系我啦？她淡定地回了一句：怕打扰你啊。
男友说，怎么会呢，你是我女朋友，你打扰我天经地义啊。

后来男友试着聊了很多，畅畅都不再像以前他问一句话，她
要回答一百句，生怕他漏掉了细节一样，而是敷衍了几句以后，
对男友正式提出了分手。

我问畅畅为什么，她说，不为什么，其实爱一个人，就是想
要打扰他，麻烦他，以此来确定他在乎她。

而且只有心里真正认可一个人，才敢肆无忌惮毫无保留地打扰他啊。
当你感到害怕打扰对方，感到自己的一言一行有些多余甚至会让他厌烦
时，其实就是两人开始生分了。

我们常常说，爱一个人就不想打扰他。其实不爱了，才不想，也
不愿意去打扰。

2

今天中午燕子跟我约在一起吃饭，她说又跟男友吵架了。我
连忙问她出了什么事。

燕子和男友是异地恋，他工作特别忙，常常顾不上燕子，但
燕子却不是一个不明事理的女孩，非常理解也愿意支持他的工作。

昨天晚上他告诉她今天要到成都，她特别开心。可到了第二
天中午的时候，男友都没打过来一个电话。

燕子还以为他在路上出了什么事儿，非常担心，于是就打电
话过去，但电话没人接，发微信他也是隔了半个小时才回复。他

说今早公司临时有事，派他到广西，早上5点多就出发了。

燕子大惊，你居然去了广西？为什么不告诉我啊，那么远的地方开车过去要开多久啊，那里冷不冷啊，言语里满满的心疼。

男友漫不经心地解释道，早上那么早，害怕打扰你睡觉，本想着在路上给你发信息，可在路上太困了睡着了。

燕子听了以后，生气地挂了电话。她说我不是气他不来看我，而是气他根本就不把我放在心里。

其实我特别能理解她，也许这件事在男友看来根本就无足挂齿。可对一个真正在乎你的人来说，你走到那么远的地方，我却不知道，我其实并不怕你打扰我，即便你发了信息会吵醒我，可我并不会生气啊，我反而觉得你是心里有我，所以才要迫不及待地告诉我。

生活里我们总是以怕打扰对方，而忽略了其实感情真的从不怕打扰，怕的是你想要关心我，却不敢靠近，怕的是我想要表达自己，你却不愿倾听。

真正爱你的人会懂的，比起耽误她那一两个小时的睡眠时间，她更在乎的是你一切安好，你没事，你一直都在。你要给她在乎你、关心你的余地和空间。

真正爱你的人，从不怕被你打扰，而是喜欢被你打扰，因为被打扰就等于被需要啊。

3

有个读者最近留言，说他很困惑，不知道女友是否真的爱他。

他女朋友在他面前表现特别乖，特别懂事，处处为他考虑。但在男闺密面前，却是一副"你就是欠着我的样子"，从不怕在任何事情、任何时间、任何地点打扰男闺密。

有一次她加班到很晚，他给她打电话说要去接她。可她怎么也不肯，她说开车太远怕麻烦他，结果却心安理得地让男闺密来接她回家。

还有一次她家水管漏水，又是大晚上，一时半会儿找不到人修理，她第一反应不是找他，又是找男闺密前来帮忙。事后他知道了，她解释说，害怕打扰他休息。

昨天她在上班的路上突然胃疼得厉害，于是找了一个公交站点停下，立马给男闺密打电话让他送她去医院，直到在医院打了点滴住好了院，晚上等男友下班的时候才打电话通知他。这次她又解释说，你上班忙，我不想你担心。

听了这些叙述，我不敢断定女孩就一定不爱这个读者，但我敢肯定她一定不够爱他，至少是他没有给她足够的安全感，让她不能毫无顾虑地打扰他。

其实真正喜欢你的人，真的特别愿意为你担心，为你着急，或者是你有什么事，第一时间跟他分享，无论好事还是坏事。

因为爱你，所以我愿意跟你共同承担风雨，也因为爱你，所以我们之间并没有任何芥蒂。爱一个人某种意义上不是要让他袖手旁观，而是让他参与到你的生命里，痛你所痛，爱你所爱。

爱我不是让你不打扰我，爱我其实更要打扰我。

4

最近女孩子们常说的一句话是：面包我有，你给我爱情就好。其实大部分女孩子不缺面包，这是事实，缺的是一个敢于问她要面包的人。

麻烦和打扰别人也是一个道理。我心里没有底气，没有人给我足够的信任感，即便是一件很小的事情我都害怕打扰你，不敢跟你诉苦，不敢跟你聊心事，不敢表现得不够好，害怕你会走。

其实如果真爱，问他要面包和爱情又如何，不都是一回事吗？张爱玲曾说：花着他的钱，心里是欢喜的。花他的钱，不是因为女人的贪婪。因为女人也不是随便哪个男人的钱都会拿来花的。同样，你愿意打扰一个人，麻烦一个人，甚至拖累一个人，也是爱一个人的表现。

真正的爱情不是奢侈品，而是日用品，是既可以谈天说地，也可以柴米油盐。

只是在这个越来越怕打扰别人也怕被别人打扰的社会，**爱情只是你生命里锦上添花的好事，却不会给你雪中送炭的底气。**

于是很多人就不敢去打扰对方，因为害怕我打扰你以后，被你认为是负担，又或者我的打扰你不屑一顾。

真爱其实就是既伟大又平凡，我敢直言不讳将自己的难题、自己的心事、自己的苦衷都向你表达。你有任何难题、任何困惑、任何痛苦都能让我陪在你身边。

但凡能长久的爱情，其实都是相互打扰的结果。我不怕打扰你，你

184

愿意被我打扰，日子就在这琐琐碎碎、吵吵闹闹、哭哭笑笑里细水长流般地流淌至永恒。

若你爱一个人，不要害怕她的打扰，同样，若你爱一个人，也不要害怕去打扰他。

我喜欢你，所以就喜欢被你打扰啊。

写于 2016.11.10

我不跟你闹，我什么都让着你

1

昨天晚上，朋友大风打来电话，问我有没有她女朋友小雨的其他联络方式，我说没有啊。听着电话里大风着急的语气和慌乱的问话，我猜两人又吵架了。

我记不得这是第几次在大半夜接到大风的电话，不是让我帮着劝小雨，就是让我帮着找，有时候甚至是让我过去陪她、安慰她。

他那女朋友矫情又小气。

这一次听大风说，今天是他俩的恋爱2周年纪念日，他忘记了，既没买礼物也没做任何表示，但不代表他就不爱她啊。

小雨是个在爱情里特别讲仪式感的人，她可以在生活里通过任何一件微小的事就埋怨他不在乎她。而大风呢，嘴不甜又不懂浪漫，就是一个老实人，只懂实实在在地对她好。

于是她就不听不管也不顾，赌气不理他，然后就关机玩消失。

后来，他终于找到了她，然后各种写保证书，各种承认错误，但我在想，这是多大点儿事呢，至于吗？

今天中午我跟大风在微信上聊了一会儿，我问他，女朋友天天这样闹腾，真是有再好的精力都会被磨光。

大风说，其实有时候，我也不知道她怎么了，莫名其妙就会吵闹，然后让你费劲心思去讨好她。但2年了，我都是这样哄过来的，她其实就是一个小孩子性格，爱她，就宠她呗。

我又问：不累吗？

他说，失去她才是最累的，无法想象那种痛。无论她怎么闹，我就什么都让着她，只要她回心转意，我就不累。

大风最后说，闹别扭了，你可能会后悔一段时间，但是若你放弃了，可能就会后悔一辈子。只要我还爱她，一切问题都不是问题。

我想最好的爱情莫过于此，你怎么闹，我怎么让。只要最后你还在我身边，就很美好。

2

朋友小简是个典型的恋爱小"作"女，在她的定义中，爱情就是要经过重重考验，就是要挑战男友的极限，三天一大吵，两天一分手，一天一个样儿。

比如前段日子，她一个人跑去丽江，在回程路上，让男友去机场接她，本来两人说得好好的飞机在6点30分降落，结果等到了7点也不见人。于是男友特别担心和着急，给她打电话，一直处于关机状态，然后查航班时间也没问题。

她男友就一直在机场焦急地等了2个小时，然后感觉越来越不对劲，甚至还去机场候车室播了广播四处找人。而小简呢，此时正悠哉游哉地坐在机场的咖啡厅，玩着 ipad，听着音乐，等实在觉得无聊，才想到开机。一开机，257 个未接电话，然后 10 秒以内男友电话就打来了。

她以为他肯定生气了，很心虚。谁知道接通电话那一刻，男友却并没有如她想的那样，而是温言细语，甚至用一种庆幸的感觉对她说，知道你没事儿，就好了。

后来我们在一起聚餐时，她男友说，当时我就在想，要是找到她之后，一定跟她当面说分手，然后帅气地走掉。可见到她以后，肚子里的火气和怨气一下就全消失了。

而她呢，居然又是想捉弄他，所以闹了一场乌龙。我们都劝她，凡事适可而止，总是这样作，小心把男友作没了。后来小简说，以后再也不这样了，知道了这个人是真正对自己好。

恋爱中的男性，总是以对方太小气、太幼稚、太闹腾为由，然后忍受不了女友的矫情，所以就干脆说拜拜。可是真正爱一个人，你不会因为她的一个分手而结束，也不会因为一次错误就无法容忍，相爱的人会在感情的曲折里，即便再难，也不愿放手。

爱会让你骄傲如烈日，也让我卑微如尘土，我不跟你讲理，我跟你谈爱。所以我不跟你吵，不跟你闹，我什么都让着你。

3

昨天下班比较晚，在回家的最后一班公车上，一对男女正坐在我前排的位置。因为他们说话音量比较大，所以全程我就当了他们的听众。

女子一边磕着瓜子，一边对着男子说，就你傻啊，不知道先买票进站，在候车室等我，非要到公司接我，这样一来二去的，不是浪费时间吗？你若先买了票，我们也不至于这么迟才回去啊。

看样子，两个人应该是从不同的地方赶来车站坐车的。

男友反驳着说，是担心你，所以才来接你的啊，上次就因为没来接你，你的手机被小偷偷走，还差点被抢了。我不是不放心你吗？

女子说，上次是上次，你是诅咒我再遇到一次这样的事儿啊，这次我们都赶着回家……然后噼里啪啦说了一大堆。男子没好气地说，就你最蛮横不讲理。

可话虽这样说，我却在起身挪动座位的时候发现，男子的左手拿着瓜子袋，右手摊开全是瓜子壳，原来是当女子的免费垃圾桶呢。女子一边责骂他，一边磕着瓜子将瓜子壳往他手上放，男子呢，心里不服气，但"心手不一啊"。

连我这个旁人看了都觉得这女子怎么如此不讲道理呢，简直就是没事儿找茬，身边有个对她这么好的男人，还嫌东嫌西。可这又有什么关系呢，**爱情有时候就像周瑜打黄盖，一个愿打，一个愿挨。**

其实这个男子并不傻，谁愿意干些吃力不讨好的事，对你好，你还挑三拣四。**可就因为爱，我爱你，所以我心甘情愿忍受你的臭脾气，任劳任怨做你的守护神，不求回报无条件地对你好。**

4

电影《情癫大圣》里曾说：是啊，爱一个人简单，被一个人爱简单，两情相悦难，两情相悦的人克服种种困难，走到一起更难。请恋爱的人珍惜眼前人，不要到失去的时候，才留下铭心刻骨的悔和憾。

通常分手的两个人，其实不是因为不爱了，而是因为忍受不了对方的各种坏毛病和臭脾气，也因为各种现实条件，而轻易说分手。

这个世界上，性格又好，人又漂亮，身材好，学位高，各方面条件都好的女生非常多。可你需要的不是一个全能型女神，而是要找一个真正爱的人。

也许她不够好，也许她老让你操心，也许她让你特别累；可是如果深爱，你就忍不住要原谅她，舍不得放下她。

《初恋50次》里曾说，年轻的时候，会想谈很多次恋爱，但是随着年龄的增长，终于领悟到爱一个人，就算用一辈子的时间，还是会嫌不够。慢慢地去了解这个人，体谅这个人，直到爱上为止，需要有非常宽大的胸襟才行。

最好的恋爱就是即便对方缺点多多，甚至打破你的底线，可在一次又一次灰心丧气时，你也不愿意真正地分手。

因为终其一生，我们找的并不是一个完美的伴侣，我们首先是想找一个彼此相爱的人，然后两个50分的人加起来，努力去过100分的幸福生活。

在真爱面前，我什么都可以将就，什么都可以让着你，不是因为我大度，也不是因为我傻气，而是因为我爱你，所以你怎么闹，我就怎么让，因为是你，所以除了你，一切矛盾和缺点都只是微尘沙粒，当爱的暖风轻轻吹来，它们就不值一提了。

写于 2016.11.2

爱就是要找一个对你嘘寒问暖的人

1

前些日子跟朋友刘哥一起吃了顿晚饭，那一次他妻子因为下班时间比较晚，就没参加。席间，刘哥的电话响了，他还没拿出手机，就对着众人说，**一定是我老婆打来的，又是问我吃没吃饭，在哪里呀，这些有的没的废话**。那天刘哥喝了一些酒，有些兴奋，于是把手机开成了免提。

妻：吃饭了没有？刘：正在吃。妻：今晚公司加班，好累呀。

刘：又不是你一个人在加班。

这时候，妻子明显有些不高兴，但还是忍了几秒钟说：我可能要加到晚上 12 点，我怕黑，你来公司接我吧。刘：多大的人了，还怕黑，自己打的回来啊。

说罢，他妻子连一句再见也没有，就挂了电话，显然是生气了。

还记得当初刘哥追他妻子时，总是**特别会献殷勤**，他会一日三餐打来电话问她吃饭没有，肚子饿不饿，吃得好不好。他会在她加班的时候，给她送去爱心便当，也会担心她几点才能下班。甚至有一次她加班太晚，他还生气了，在电话里对着她认真地说，这破班，咱们不上也罢，你回来，我养你。

就是因为这样一句话，她答应嫁给他。事后她说，**我其实并不是要找一个有能力养我的人，而是要找一个对我嘘寒问暖、懂得心疼我的人。**

而如今他的态度显然不是结婚后老夫老妻般缺乏激情的模样，而是他根本不再关心她。

我们常常说打败爱情的是婚姻，其实不是，打败爱情的是你对一个人的漠不关心。她担心你吃没吃饭，你却没想过回问她一句，你吃饭没有？她说她很累，你却告诉她，你累是应该的。她说她怕黑，你却训斥她太幼稚。在爱人面前，其实每个人都是一个小孩子，都渴望得到对方的关心和爱护，而所谓的爱无非就是体现在他关心你吃饱没、穿暖没、受委屈没这些再细小不过的日常里。

2

姨妈和姨父的爱情不算轰轰烈烈，却在平平淡淡的日子里让爱意愈加升华和浓厚。

他们结婚的时候，姨父甚至连说一句"我爱你"都觉得别扭，怎么都开不了口，当时在婚礼上的姨妈还特别尴尬。但姨妈说，即便他不说那三个字，她依旧要嫁给他，因为他是真正会关心、体贴她的人，就冲这一点，当时算得上集美貌和才智于一身的姨妈，嫁给了家里一穷二白的姨父。

姨父是一个特别内向、腼腆的人，在他嘴里你几乎听不到一句秀恩爱或者暧昧的话。但姨妈却说，他是世上最会说情话的人。

当时的我，有些纳闷，不善言辞的姨父，还会说情话？

直到有一次，我跟姨妈出去旅行，姨父因为上班的原因就没来，我才真正了解到姨妈为什么当初会义无反顾地嫁给姨父。

清晨7点，姨父就打来电话催着姨妈，赶快起床吃早饭。因为姨妈有严重的低血糖，不及时补充能量很容易晕倒。

到了中午11点，根本就没到饭点的时候，姨父又打来电话，叮嘱姨妈午餐要"少盐多醋，少荤多素"。因为姨妈有家族遗传的高血压，要饮食清淡才能保持一个好的身体状态。

到了傍晚6点的样子，姨父又是不嫌麻烦地打来电话，姨妈其实心里有些得意，却故意说，老头子，你又有什么吩咐啊？电话那头的姨父说，天气转凉，出门散步加件外套。

姨父就是这样一个看似特别木讷却暖了姨妈一辈子的人。他从未对姨妈说过什么好听话，却实实在在从衣食住行等微小的细节处用心地关心着姨妈。

真爱是长在柴米油盐里，也是长在现实的生活里，它不是形而上的只关注虚无缥缈的灵魂交流，它也关心你累不累，饿不饿，饱不饱，暖不暖。一个人若真爱你，不仅爱你的灵魂，也爱你的身体，他希望你由内而外都是一个健康快乐且积极的人。

3

阿颖跟男友分手了，原因就是他没等她一起吃饭。当时我还劝她，至于这样小题大做吗？

阿颖说，他是否爱你，不是体现在他有没有对你拳打脚踢，有没有对你恶语相向，而在于细节处，在小事上，他是否对你嘘寒问暖，是否对你不管不顾。一个在细节上都不会关心你的人，你也别想他会在什么大事面前保护你。

原来阿颖平时下班都比男友早，每次她都是早早回家，然后到菜市场买一大堆他爱吃的菜，回家做好饭菜，等他。无论多晚她都要等着，因为看着他在自己面前吃足满满两碗饭，她就会特别满足。

可这一次，她加班很晚直到 10 点才回家，到家一看，冷锅冷灶的厨房，丝毫没有做饭的痕迹。她首先的反应是担心他，然后急忙拨通他的电话，可他的电话一直没人接。阿颖不顾满身的疲惫，做好了两碗他爱吃的牛肉面，用碗扣着等他。快到晚上 12 点，他回家了。

他看着她几乎在餐桌上睡着了，于是问她，你怎么还不睡？她连忙问他吃饭没有。他却说我早就吃过了。看着桌子上的两碗面，他有些尴尬地对她说，你还没吃啊。

阿颖说，爱其实是互相的关怀，即使这个人不会做饭烧菜，不会淘米切菜，可他至少要关心你这么晚回家吃了没有啊。不要看这是一件微不足道的小事，一个人在最基本的细节处都不关心你，你还指望他以后对你好吗？

4

我们总认为爱情神圣到只能谈及灵魂和精神，其实真正的爱情，一定也关注你这个人本身。它会关注你在思想上是否感到迷茫，是否处在瓶颈期。它也会关心你在日常生活里是否按时吃，按时睡，吃得是否合胃口，住得是否安全。

生活里原本没有那么多轰轰烈烈的事情，平凡日子里的一日三餐，一年四季、一早一晚的嘘寒问暖，最能体现出一个人对你的爱。

生活其实就是建立在柴米油盐中，繁杂琐碎的光阴里。两个相爱的人，恋爱初期的新鲜感和热情会随着时间慢慢减退，也会因为越来越了解对方而失去神秘感和界限感。平日里我们对爱的表达，不仅仅是在纪念日给她送上一朵玫瑰花，送上巧克力，送上一枚"鸽子蛋"，而是送给她最真切的爱，最真切的爱就体现在平日里对她细心的关怀和体贴。

一个总是问你吃了吗？按时吃了吗？吃好了吗？一个总是提醒你该睡了，要早睡，要睡得安稳的人，一定是爱你的人，远比那些经久未见却突然冷不丁地来一句"亲爱的，我想你"的人，更值得信赖。

爱真不需要那么多花言巧语，也没那么多灵魂的交流，一个连你生活都不关心的人，又怎么能谈及爱你呢？

一个真正爱你的人，一定会想尽办法关心你，而最实际、最朴实、最平凡却最珍贵的爱，就是那个平日里从不忘记问你，吃了吗？冷了吗？热了吗？也不忘提醒你好好吃饭，好好睡觉，一切都要好好的人。

写于 2016.10.5

他爱你时是认真的，不爱了也是

1

昨天，有个正在读大学的读者妹妹跟我聊起，她最近失恋了。我以第一人称叙述吧。

今年 7 月我与一个志趣相投的男生恋爱了，他在大连上学，我在沈阳上学，刚恋爱时，我们恨不得随时随地见到对方。有一次我还在军训，他刚考完期末考试，校服都来不及换直接高铁加打车，特别着急地来见我。那时候的我，特别感动，看着他汗流浃背、气喘吁吁，还没来得及歇一口气看见我就抱住我的那一刻，我觉得自己特别幸福。

夏天他知道我怕晒，会买防晒霜送我。我跟他在一起时，无论渴了还是饿了，他都会立马去给我买水喝买饭吃。有一次我们在校园散步，我说脚疼，他就背着我走，当时校园里好多人看见了，很多女孩子投来羡慕的目光，那一刻我更是确信自己找到了真正爱我的人。

今年他一个人出去旅行半个月，中途开始我就感觉他像突然变了一个人一样，突然就不爱给我打电话了，也不跟我聊天，也不关心我每天过得怎么样，反正就是各种冷淡。后来才知道，他在旅行途中认识了一个比我气质好家境好人也漂亮的女孩，意思就是找到了新欢，就抛弃了旧爱，我很不甘心，于是去找他，问他为什么要这样对我。我很想不通，明明他是喜欢我的，怎么一转眼就可以喜欢上别的女孩子。我有一种被骗了的感觉，我就是不甘心。

其实在恋爱里有这样感觉的姑娘很多，那些当初想尽办法追你的男生，在追到手以后就突然放了手，或者对你不冷不淡，直到分手，你都依然想不通为什么。于是你会怪他的新欢，怪第三者，或者其他任何阻碍你们恋爱的因素。你总想着若不是因为这些，你们的感情就不会破裂，你甚至还会去想他其实还是爱你的，只是暂时被花花世界冲昏了头脑。

2

其实爱是不需要理由的，不爱也是。他爱你时，是认真的，当然，他不爱你时，也是认真的。

男性跟女性在感情上还不太一样，他们不太擅长口是心非，他们爱了就是爱了，不想让你走就会挽留你。而不像女性，她爱了也要说其实她不爱，不想走却又故意装着要走。

如果一个男人对你说他喜欢你，相信他。如果他说不再爱你，也相信他。任何时候，告诉自己，一个不爱你的人离开，是幸运，无关他因，你要知道真爱是没有选择余地的，他若真爱你，绝不会有诸多理由来搪塞你，只有不爱你的人，才借口多多。

张小娴曾说，总有一天，你会对着过去的伤痛微笑。你会感谢离开你的那个人，他配不上你的爱、你的好、你的痴心。他终究不是命定的那个人。幸好他不是。

后来这个读者妹妹告诉我，虽然自己还是忧郁了很长时间，但是在情绪低迷了一段时间以后，就想着要彻底放下了，因为真的没必要花那么多的力气去恨一个不相干的人。

现在她要开始为自己规划一段新的路程，想冲一把，想考研，目标是厦门大学英语系。虽然知道很难，但有了目标，每天都活得充实，充满动力。她还说她正在攒钱准备去一次西藏，高中时就想到那里去，一直没计划过，现在除了好好度过自己的大学时光，还找系里面有经验的到过西藏的学哥学姐们要旅行攻略，每个月攒700块，明年夏天就可以实现这个去西藏的梦想啦。

妹妹说，其实自己还是失望的，但没办法，就当是一次成长吧。如今的她也不再去纠结他为什么不喜欢她了，也不再努力去打听他的生活和恋爱情况，**因为不爱了，还在乎这些干吗呢。**

虽然她轻描淡写地告诉我，她已经从失恋的泥沼里走了出来，但我知道这个过程一定相当难，那种被心爱的人捧在天上又突然一失手丢掉你的感觉，真的会让人痛彻心扉。可若你不学着去正视分手这件事，你就会永远陷入这个谜团里，老是问自己，为什么？是自己做得不够好，还是第三者的招数太厉害？又或者他是骗你的？

现实生活里，能做到像这位读者这么豁达和潇洒的女孩子，真的很少。很多失恋的女孩子，一直都走不出来，甚至是自暴自弃。其实恋爱是一件特别美好，也特别残酷的事情。相爱时，他甚至想把天上的星星月亮都摘下来送给你，对你无微不至地关心和呵护，你的一举一动都牵动他的心。

于是你误以为这是独一无二的爱情。直到有一天，你发现他对你的好，其实也可以原封不动给别人，于是你伤心失落，无法自拔。于是很多人想着如何去挽回一段丢失的感情，甚至不停地去分析分手原因，**其实能抢走的爱人，真的不算是爱人**。

你若正经历分手，要学着告诉自己，爱时好好爱，不爱时也要好好说分手。**感情这件事，真的不存在骗与不骗**。也许当时他对你的种种好真的出于真心，这点很多女孩子都很容易在他对你的细枝末节里找到答案，**但难的是让女孩子明白，他不爱你，也是出于真心**。

若分手了，就好聚好散吧。不要给自己，也不要给他找理由，若非要找一个理由就是他不爱你了，就这么简单。当你鼓起勇气，重新站起来，努力去富养自己，提高自己，你会发现正值青春时光的你，只要不放弃自己，会越变越好，也越有机会找到那个对的人。

这中间的一段路，你需要咬紧牙关，告诉自己，一定能行的，那个对的人还在等着你，你怎么可以为了一个不爱你的人，伤心落泪，不吃饭，不睡觉。你的盔甲要留给这个世界，你的软肋却只需要留给那个最值得你爱的人。

当有一天你成长了，成熟了，你也许还会感谢当初那个抛弃你的前男友，因为正是他的离开，才能让你有缘分找到那个真正爱你的人。

很多女孩子在感情里都尤为感性，她们最常犯的错误就是，能通过自己敏锐的第六感，感知爱情的来临，却不愿意承认感情的离开。也许当他都还未察觉自己已经变心的时候，她们已经洞察到了，但问题是她们总是不愿意面对。

当一个男人对你说，分手吧，你应该微笑着离去，并对他说，等你说这话很久了，然后转身走掉。

下一次恋爱时，记得不要那么轻易地交付你的真心，因为感情这件事，一旦认真起来，若对方是对的人，那你的认真就赢了，而一旦遇见错的人，认真的你，就注定会输。

写于 2016.9.27

你要学会做一个不动声色的大人了

表妹上几周托她的朋友从国外买一个时下最流行的包包。从朋友答应她的那天起，她就特别兴奋。据说那个包包是限量打5折，需要排队才能买到呢。而且有些人甚至清晨五六点钟就去商店门口排起了队。不过虽然打5折，可是那个包包仍需要花表妹2个月不吃不喝的薪水。

那个远在国外的朋友那天排队的时候，就一直跟她在微信上互动，得知朋友马上就要排到时，她兴奋地尖叫起来，从客厅里的左边走到右边，从东走到西，别提有多高兴了。看得出来她异常紧张，也特别渴望得到那个包包。

后来好不容易排到了她的朋友，可那个颜色的已经没有了，表妹只得退而求其次选另外一个颜色。这时候表妹的表情立刻就变了，心情瞬间跌入谷底，最后她还是在朋友的建议下，选择了另外一个类似的颜色。但整个中午，表妹都闷闷不乐，一点也打不起精神，似乎受到了什么打击一样。

我本想问她至于这样吗？不就是一个包包吗？可是话到嘴边，我还是没说，反而安慰她，只要买到就行啦，不要纠结了。

看着表妹这个大喜大悲的心理过程，再想想我曾经也是从这样的阶段走过来的，就能理解她。

小时候，考了好成绩，买了新衣服，得了奖，受了老师的表扬等能让我们兴奋的不得了的事情真是太多了，有时候甚至高兴得睡不着觉。可遇到一点小挫折、小问题、小障碍，我们就如同受到了多大的打击一样。**我们的心情总是跌宕起伏，任何一件小事，都可以牵动我们整个心绪，或大笑，或大哭，那时候的我们天真、烂漫，特别容易欢喜，也特别容易悲伤。**

我们以为成长就是要得到自己最想要的东西，得不到的时候，我们就大哭，得到了就大笑，那时候成长跟不稳定的情绪密切关联。

罗阿姨跟王叔叔一直是一对恩爱夫妻。年轻的时候，王叔叔经常在外出差，一年也回不了几次家。那些年，都是罗阿姨一个人撑起家，既要上班，又要带孩子，还要照顾双方的父母。王叔叔从事的工作是特殊工种，55岁就可以提前退休啦，而正是王叔叔办理退休这一年，他在体检时发现已经是肝癌晚期了。

那一年，罗阿姨辞掉了工作，专心在家陪着王叔叔，还要负责买菜做饭，照顾病人。有时候王叔叔心情不好，还会摔家里的东西，罗阿姨只是默默忍受着，默默地流泪。因为此时此刻，即便王叔叔无理取闹，她也觉得是幸福的，因为至少家里还有一个人，还有一个伴儿。想着不久以后，王叔叔就会离世，她更是忍不住心酸和痛苦。

可在王叔叔面前，她从来不流露出那种孤独无依、生无可念的状态。她依旧每天把一日三餐做好，让王叔叔多少吃一口；到了傍晚，也会推着推车，把他带出去散散步。外人看着平静无奇，却并不知道这时候的罗阿姨即将面临丧夫之痛。

后来没过几个月，王叔叔还是离世了。去殡仪馆的那天，罗阿姨依旧表现得平静如水，没有大哭大闹，只是几行泪不停地从眼角流下，干涩发红的眼睛，足已看出她的疲惫和无奈。

后来她还是一个人住在那个院子里，拒绝去跟儿子一起住，因为儿子毕竟已经成家立业，她不想成为他的负担。

有人说罗阿姨的理智和冷静，几乎有些"过分"，因为面对这样的事儿，似乎没几个人能受得了。

可罗阿姨却不多解释，她说，这么多年，其实我几乎都是一个人走了过来，虽然跟他有个家，但一个人撑起生活的日日夜夜真是太多了，我知道迟早有一天，不是我先走，就是他先走，人生不过也是人的一场修行，一场经历而已。但没想到的是，这样的结局早来临了一些。

邻居们以为罗阿姨足够强大，所以这件事很快就不再放在心上了。直到有一次听一个邻居说，每天清晨都会看到罗阿姨偷偷到山里王叔叔的墓前静坐很久很久。

有人曾说，年轻的时候，连多愁善感都要渲染得惊天动地，长大后却学会越痛越不动声色，越苦越保持沉默，成长就是将你的哭声调成静音模式。

其实一个人真正的成熟，就是不再大喜大悲，懂得接受最好的，也努力承受最坏的。

杨绛先生曾说，一个人经过不同程度的锻炼，就获得不同程度的修养、不同程度的效益。好比香料，捣得愈碎，磨得愈细，香得愈浓烈。我们曾如此渴望命运的波澜，到最后才发现：人生最曼妙的风景，竟是内心的淡定与从容……我们曾如此期盼外界的认可，到最后才知道：世界是自己的，与他人毫无关系。

一个人有一个心脏，却有两个心房。一个住着悲伤，一个住着快乐。快乐的时候，不要笑得太大声，不然会吵醒旁边的悲伤。哭的时候，也不要太大声，因为声音太大，你就会听不见快乐的呼唤。

生活里有很多悲伤和快乐的事情，小到吃穿住行用，大到人生的选择、伴侣的选择、前途的选择。

路难走的时候，不要悲伤，可以哭，但不要哭得太厉害，太久，太无法自拔，因为你总要相信，路再难走，至少代表前方是有希望的。

路平顺的时候，也不要高兴到忘乎所以，甚至不知天高地厚。你要给自己打上一剂预防针，因为保不准你正在对生活洋洋得意时，会突然碰到瓶颈期和低潮期。有时候心态稍微不好，就会陷入失败和不良的情绪，久久走不出来。

成长是一件特别开心，也特别痛苦的事儿，我们唯一能做的就是在每一个平凡的日子里学会做一个不动声色的大人，不盲目乐观，不盲目悲观，不过度兴奋，也不过度痛苦。只有当一个人内心平和，且对一切事情泰然处之时，那时候才开始懂得成长真正的意义。

写于 2016.9.29

第六章

给你在乎的人，一些生活仪式感

生活里处处都有仪式感，若你在乎一个人，
就把你的在乎通过仪式感表现出来。

给你在乎的人，一些生活仪式感

童姐跟她老公结婚5年，几乎每天早上到了办公室的第一件事情就是给她老公打个电话报平安。每天到了中午，她就会打开微信语音功能，提醒老公该吃午饭了。晚上的时候，总是要互道晚安才入睡。

很多人都羡慕童姐，结婚这么久还跟一对年轻夫妇一样，腻在一起也不嫌累。童姐说，其实婚后两个人的感情也没谈恋爱时那么好了，毕竟婚姻与爱情不一样，婚姻掺杂了太多琐碎小事和柴米油盐，可正因为有了这样一些生活的仪式感，才让两人感到彼此都很在乎对方。自从两人有了如一日三餐般的问候，才让日子过得越来越有味，感情也越来越牢靠。

你在乎一个人，总是要通过一些具体的事件来表现出你的在乎。可生活里更多的是微小的细节和平常的小日子，因此生活里一些看似微不足道的问候也能体现出你的在乎。

在乎一个人，就要给她生活中的仪式感。这样的仪式感，也许是每逢刮风下雨就提醒对方添衣带伞；每逢烈日当头，就提醒对方防暑降温；每逢出差远行，就提醒对方注意安全。

因为在乎一个人，是需要表达出来的。它不仅仅留存在心里，还特别需要靠行动表现出来。也许给在乎的人每日一些温馨提醒和暖心话语，你会发现彼此的情谊似乎更浓，更真，更可贵。

晓晓无论走到哪儿，吃了什么好吃的，看到了什么新鲜的事儿，都喜欢把生活里美好的一面第一时间与男友分享。

有时候即便是看见天空里一朵形状有些独特的云，她都会第一时间拍下来发给男朋友看。有时候是在路边摊吃到了特别合胃口的炸土豆，她都会第一时间打包一份给男友。有时候是看到了一些特别的文章和好的观点，她也会在第一时间分享给男友看。

第一时间分享，这真的是一个听起来都特别幸福的事儿。恋爱中的人，当你第一次发了工资，当你在路边捡了5块钱，当你赶上了最后一列班车，你最愿意第一时间分享喜悦的人，通常都是你在乎的人。

而第一时间分享更是难能可贵。在乎一个人，就是需要分享和被分享，包括彼此的生活日常，还有一些大大小小的事儿。

谁是你第一个愿意分享的人，你又是被谁第一时间告知喜怒哀乐的人呢？第一时间分享，让我们知道对于彼此很重要。

在乎一个人，也包括第一时间分享你最不开心的事儿。即使是有些小感冒，一些小风寒。你最愿意被谁关心的人，谁就是你喜欢的人。而那个第一时间得知你消息的人，才会感到自己在你的生命里特别重要。

第一时间分享，也是生活的仪式感，它让别人知道，你很在乎对方，也期望得到别人的在乎。

　　周姐都三十多岁的人了，可依旧特别喜欢过生日。一过生日就特别激动，她从不害怕生日又让自己老了一岁，反而特别期待每年这一天的到来。

　　因为一到生日就能收到闺密在凌晨发来的祝福短信，还会在她生日当天寄来一个多年口味、大小和品牌都不变的麦香园蛋糕。

　　那是两人读书时，周姐的闺密第一次给她过生日以后养成的习惯。这么多年了，无论是两人结婚生子，还是相隔异地，这份雷打不动的祝福，总会如期而至。

　　周姐说，正是有了这样的问候和礼物，虽然东西不贵，但情谊特别珍贵。这就是给予对方的仪式感，它让你知道，你被人惦记着，被人在乎着，被人当成挚友，这样的感觉特别舒心。

　　也许过一个生日，给在乎的人说一句生日快乐，唱一首生日歌，甚至是买一小块生日蛋糕，真的花不了几个钱，却花了心思。一个人愿意为你花心思，就是在乎你啊。

　　更多时候，我们总是喜欢过纪念日，过生日，过节日，无非就是希望收获一份生活的仪式感，让我们知道被人在乎的感觉真美妙。

　　我家邻居，无论到哪儿旅行，总要给院子里几个关系还不错的邻居带一些小物件回来做留念。比如泰国的青草膏，驱蚊效果超级厉害。比如日本的药妆，实用又便宜。比如北京的秋梨膏、丽江的原创音乐碟。

　　这些东西其实并不贵，但总是让收到礼物的人特别开心和快乐。甚至有时候，收到她礼物的老婆婆总是要在院子里炫耀一番，这是谁在哪个地方专门为我带回来的呢。

其实这些东西若要自己花钱买，到处都是。可一个人在外旅行，还能想到要带些礼物回去送给谁，证明这些人在你心目中也是很重要的，至少你是非常珍视这份情谊的。

通常别人在乎的其实根本就不是礼品的价格，而是你的心意。那些从很远地方带回来的礼物，贵在礼轻情意重。

在乎谁，就给谁带点礼物回来。看起来很普通，却充满了生活的仪式感。也许有人会说这样很麻烦，出行在外，本来就很不方便，可你愿意不嫌麻烦带些小礼物给谁，不正说明了这些人在你心里的地位吗？

也许又有人说没有必要，这些小礼物带回来像是 3 岁小孩子出去旅行一样。大家都见过的东西，有什么新鲜和好奇的呢？甚至这些所谓的旅行纪念品，晚上的夜市到处都有卖，还比旅游区便宜。

可小礼物代表一份在乎，通常那些收到了礼物的人，虽然嘴上说怕你太麻烦，太客气。可不能否认的是，每一个收到同事或朋友带回来的小礼物的人，心里也是特别开心的，毕竟被人在乎的感觉，谁不喜欢呢？

你在乎谁，就要给谁生活中的仪式感。这样的仪式感，并不需要花太多金钱、太多虚情假意来刻意呈现。仪式感更应表现在日常的生活细节里，是一种在乎对方的表现。

总是有很多人在庸常的生活里失去了亲人之间、爱人之间、朋友之间的那份小感动。

其实生活里处处都有仪式感，若你在乎一个人，就把你的在乎通过仪式感表现出来。

你在乎一个人，就会关心他的衣食住行，那就要学会去问候，去关怀对方，穿得暖和吗？吃得习惯吗？住的地方安全吗？

你在乎一个人就会关心她的一言一行、一举一动，那你就要学会多与她沟通和交流。

她开心的时候跟她一起分享成功的喜悦，她不开心的时候跟她一起承担失败的痛苦，也许只是一句鼓励的话、安慰的话，也许只是一个电话、一条短信，也可以同样表达出你的心意。

给你在乎的人一份生活的仪式感。因为这些看似平凡的仪式感，却能架起情谊的桥梁，让两颗隔着肚皮的心，能够毫无隔阂地走在一起。

愿每个人都能在生活的仪式感里找到你在乎的人，也找到那个在乎你的人。

写于 2016.9.13

你若心里感觉苦，日子怎么也甜不了

1

我刚上班的时候，认识一个姐，我俩关系很好。后来我重新找了一份工作，离开了那家公司，她也被公司委派到二级地市去任职，但我俩一直有联系。

上周我到她现在的工作地点去出差，顺便去看看她。到了她住的地方，我才知道她的真实情况。

她一个人，怀着5个月的身孕，这么热的天，在出租房里空调也没有。前两个月房东要涨房租，于是她就直接搬到了公司顶楼的一间办公室睡觉。

顶楼的办公室虽然有空调，可是没有电梯，她一个人经常气喘吁吁地上下7层楼，每次其他同事感慨她生活过得这么苦，她都说这样很好啊，当作锻炼身体。

这办公室只能当作睡觉的地方，厕所离这儿很远，要走过一条黑黢黢的无灯过道才行。而且洗澡也很不方便，需要拿桶去打水，到厕所洗。可她说，这又没什么，她没怀孕的时候也不觉得这样生活辛苦啊，不能因为怀孕就显得那么脆弱。

我一直都在念叨她怎么过得这么苦，其实她不用这么累。

可她说，我没感觉这日子有多苦啊。说这句话时，她脸上是轻松的，丝毫没有一点儿难为情和不得已的苦衷。

原本我想安慰她，可跟她一聊，我才发现自己过于矫情了。生活里有一类人，无论遇到任何困难和挫折，他们从不感觉苦。他们面对苦难的乐观心态，让这样的苦日子，多了一份从容和镇定。

其实生活中有很多苦，因为每个人的不同情况，而导致苦的点和程度不一样，这是客观存在的事实。但日子苦不苦，这是感觉问题，你认为它甜，那它也不会苦到哪儿去。但若你觉得苦，再甜的日子也不会让你有幸福之感。

2

表弟今年高考结束，被录取的学校在北方，而身处南方的他在此之前从没有去过北方的任何一座城市。这下把姨妈担心得日不能食，夜不能寐。她总是担心表弟去一个陌生的地方，无人照顾，吃住不习惯，害怕他受委屈，害怕他孤身一人在外日子太苦。

可姨父却是一副事不关己的样子，每天该上班上班，该吃饭时，也绝不会因为担心儿子而少吃一顿，姨妈为了这事还跟姨父吵了一架。

姨父很平静地告诉姨妈，男孩子就应该出去闯荡，这点适应能力都没有，将来如何自食其力。即便离家的日子会很苦，可若能锻炼出他吃苦耐劳的性格，也是一件好事。

外面的世界，真没有我们想象中有那么多坏人，那么多不如意，那么多苦。如果他心里不觉得苦，那外面的世界即便再苦，也不会让他对生活失去信心。

是啊，我们总是说外面的世界真不好过，几乎很少有人说外面的世界让人很满意。其实生活中，每个人都活得不容易，日子总是一个问题接着一个问题。

生命的本质其实就是痛苦的，虽然我们不能改变也不能阻止意外和苦难的突袭，可我们至少要有一个乐观的心态，风雨不惧。一个人的内心若能坦然接受一切，那么即便是暴风雨来临，也能镇定自若，从容不迫。

记得青山七惠在《一个人的好天气》中这样写道：外面的世界很复杂吧，像我这样的人很容易堕落吧？他回答，世界不分内外啊，世界只有一个啊。

若你的内心永远感受不到世界的美好，那么即便你到了天堂，也不会感到幸福。外面的世界，其实就是你内心的世界。

3

有个读者跟我分享了她跟她老公的故事。她嫁给她老公的时候，对方可以说是一穷二白，家徒四壁。她是冒着跟家人断绝关系的风险，才跟老公走到了一起。

那时候他们住在出租房内，两个年轻人，根本就没钱在这座城市买房，除了那台花了 2000 块买的二手电视机，整个房间里连个值钱的东西也没有。

可他们并不觉得那时候的日子有多苦，没有洗衣机就利用下班时间，一个人在公用厨房抢着排队做饭，一个人在厕所洗衣服收拾家务，然后两人直到晚上九十点钟才坐在一个很小的角落吃饭，一盘回锅肉里只有几片肉也吃得津津有味。

那时候没太多的钱去电影院看电影，就到地摊上去买碟子拿回家看。关上灯，吃着自家的炒花生，把它想象成爆米花，这感觉丝毫不输电影院里的舒适度。

后来两人的生活越过越好，一路走过来的心酸和痛苦也不少，可是他们从来不觉得苦。她说，跟相爱的人在一起，日子就不会苦到哪儿去。

若你心里装满了喜悦和幸福，总是想着自己得到的东西，而不是把目光过于集中在得不到的东西上，那么日子其实也没那么苦。

托尔斯泰曾说，幸福并不存在于外在的因素，而是以我们对外界的态度为转移，一个吃苦耐劳惯了的人，就不可能不幸福。同样，一个乐观的人，即便牙齿落完也不觉得自己老，即便头发变白，也觉得挑染的颜色其实还不错，即便生活在出租房也不会感到寄人篱下的滋味。

4

生活里真正乐观的人，日子过得真的幸福的人，并不是那些物质很富裕的人。很多有钱人依旧过得不快乐，不幸福，甚至经常感到自己得到的房子不够大，存款不够多，即便有美貌的娇妻，有懂事的孩子，也依旧觉得不满足。他们总是感到生活很无奈，很苦。

而生活中有一些物质上不太富裕的人，却在有限的生活条件里，把日子过得快乐且满足。

人生的道路其实是由心来描绘的。所以朋友，无论我们处于怎样严酷的境遇中，心头都不应为悲观的思想所萦绕。

当生活的不如意压住你，让你喘不过气，同时你也暂时没有这样的能力去改变它的时候，你应该学会有个乐观向上的心态面对一切。

如果生活本身很苦，你再一直纠结于这样苦的情绪里，会感到更无助，甚至是失望、绝望。可如果你能有个抵抗一切风雨的积极心态，若你不把它想得很苦，日子怎么样也打败不了你。

生活到底是沉重的，还是轻松的？这全赖于我们怎么看待它。生活中会遇到很多烦恼，如果你摆脱不了它，那它就会如影随行地伴在你左右，生活就成了一副重重的担子。一觉醒来又是新的一天，太阳不是每日都照常升起吗？所以，放下烦恼和忧愁，生活才能变得简单。

你若觉日子苦，日子怎么也甜不了。但若你不觉苦，它有可能会让你在苦难里尝到别样的甜头。

写于 2016.8.27

有一种教养，叫作有苦但不言苦

院子里有两个婆婆，两个人年纪相仿，但在小区最受欢迎的还是张婆婆。

刘婆婆总是喜欢抱怨，抱怨大儿子在异地安家，不经常回来陪她；二儿子结了婚却一直不让她抱孙子；就连小女儿也跟她作对，快30岁的年纪，一直不恋爱，给她安排相亲她还不乐意。

她总说，养儿其实不防老，为了儿女真是操碎了自己的心。她还总羡慕张婆婆，一个人乐得清闲自在，每天过好自己的日子就行。

而张婆婆呢，几乎从不倾倒苦水，但这就说明张婆婆无苦可言吗？张婆婆的老伴儿去世早，就连唯一的儿子也在前几年因肝癌晚期而去世，白发人送黑发人的滋味，比为儿女操心更苦吧。

如今的张婆婆一大把年纪，有个小病小痛就自己吃药，实在病得严重就自己去医院，连个来探望问候，甚至端茶递水的人也没有。有一次小区里停电停水，她一个人拿着水壶在楼梯上爬上爬下往家里接水，累得气都喘不过来。过节过年时，也只有她一个人，买些香肠腊肉、月饼粽子等自己吃，找些过节的气氛，但她从不向小区的邻居们抱怨和诉苦。

其实刘婆婆真的比张婆婆苦吗？大儿子虽不在身边，可每天一通电话，每逢节假日都会回来看她；二儿子跟媳妇不是不生孩子，而是一直在积极地调理身体；小女儿其实也有对象，只是目前不稳定，不好直接带回家见父母。

生活中人人心里都有苦，有儿女的人有儿女的苦，没子女的有没子女的苦，那些常把自己的苦挂在嘴边的人，也许并不是最苦的那一个。若有个积极乐观的心态，会换位思考和知足常乐，其实日子没那么难。

但他们总是喜欢把自己的苦处无限放大，而且不停地向别人诉说。其实轻易地向别人诉苦，自己心里倒是畅快了，可间接影响了别人的情绪，这其实是自私的表现。

农村里有一个单亲妈妈，高中毕业，因为家里没钱，就没再继续上大学，而是回到了农村的皮鞋厂上班。到了23岁那年，跟隔壁家老王的儿子结了婚，那时候日子过得特别难，但她老公还是一个比较踏实肯干的人。当孩子2岁，生活有了一些起色的时候，她老公却在一次交通事故中不幸去世。

那时候村里人都说她是一个"克夫命"，公婆将她赶出了家门，认为是她命不好才害死了自己的儿子，儿子死了以后，就直接连亲孙子也不认了。

在那段最苦的日子里，她一个人拼命地在厂里干活，努力挣钱供儿子读书，本想回娘家落个户，谁知家里的嫂嫂想尽方法撺她走，生怕她回来分父母的家产。

过了好几年，好不容易遇到几个适合的人，不是对方家人嫌弃她死了丈夫，就是她喜欢的人，儿子不喜欢，又或者是对方不喜欢她带着儿子一起生活。于是，如今她依旧是单身一人。

可就是这样一个妇女，从没在外面向人轻易诉苦。每次当别人可怜她命苦时，她却从不言苦，一个人默默承受着命运给她的一切磨难。

我总是在想，一个人要有多强大的内心才能埋得下如此多不幸的事。生活不可能会给每个人一帆风顺的未来，你总是要遇到很多挫折和打击，这时候诉苦真的是于事无补。只有摆正心态，把苦痛放在心里自行消化，有向他人诉苦的工夫和心情，还不如竭尽全力让日子过得顺一些。

我刚上班那会儿，遇到过一个常把"我没事儿"当口头禅的女孩。她从小被爷爷奶奶带大，父母在她很小的时候就离异了。

她长大成年后，认识了一个情投意合的男孩，去见了男孩的父母，对方父母认为她出身不好，他们说，父母离异的孩子一般性格不好，于是就让他们俩分手。分手的时候，男孩不停地跟她说对不起，可她却总说，我没事儿。分手的那段日子，她整个人都瘦了一圈，却从来不逢人就诉说失恋的苦。

工作了几年，好不容易有个晋升的机会，可非她莫属的职位却因为一个同事家里有关系，领导就随便搪塞她一个理由，让她等待下次竞岗，而那个刚到公司的新同事便取代了本属于她的职务。后来领导私下找她谈话，对她说对不起，她又说，我没事儿。可很多人并不知道，为了工作，她经常加班到深夜。在这个工资少、环境差，而且客户还很难搞定的公司，其实她默默付出了很多很多。

在生活里，我们经常会不被人理解，受到不公平的待遇。可这些无法改变的遭遇并不是为你一个人设置的，每个人活在这个世上都或多或少、或深或浅地吃过苦，受过难。

人与人之间最大的区别就在于，有些人吃一点苦，就觉得受不了，就要跟别人诉苦，把伤口撕开展现给全世界看，企图博得别人的同情和可怜。

可有些人，即便吃了无数苦，却一个人默默地咬紧牙关，强行让自己坚强起来，不将自己身上的负能量向外传播。心里有苦却不言苦的人，其实才是真正有修养的表现。

那些有苦却不言苦的人，懂得每个人其实活着都不容易，所以小心翼翼地将自己的苦痛包扎起来，从不外露。

有苦而不言苦的人是那些：

无论在职场、情场、生意场上受了多大委屈，只要一回家就笑脸盈盈面对家人的人，只要给父母打电话就报喜不报忧的人，只要跟孩子一起玩就从不显露疲惫状态的人。

生活中那些有苦不言苦的人，才是面对苦难最勇敢的战士，他们懂得言苦其实没有任何意义，有时候苦楚向外人说多了，既会对别人产生不好的影响，也会给自己留下一个糟糕的心情。

那些真正成熟的人，心里不是没有苦，只是不言苦而已。他们懂得，其实吃苦是人生的常态，不想因为自己的坏情绪坏遭遇而去影响周围的人，这是一份责任，一份好的修养。

如今的社会，大家除了炫富，还特别喜欢炫苦，似乎他们不比谁过得最好，就来比谁最应该被同情。

生活里，每个人都被鸡毛蒜皮的琐事或是一些不可扭转的大坏事所折磨和侵蚀，但一个真正有修养的人，不是那些炫耀自己吃了多少苦的人，而是有苦不言苦，靠自己的力量默默放下悲痛的人。

一个人的内心其实要足够深，才可以容下更多的快乐和痛苦。遇到一些苦处就难以下咽的人，心这么浅，怎么能冷静、智慧地处理更多人生的难事。

只要生而为人，都有压力，都要吃苦，可谁也不愿意做谁的垃圾桶。生活如此美好，无论日子有多苦，我们总要微笑着面对一切。

世界上有一种修养叫作吃苦但不言苦。我们总要学会在坎坷的人生中，不抱怨，不诉苦，因为言苦太多，最后真的就会越过越苦。

写于 2016.9.18

爱他，就给他这两个字

前几日跟表哥表嫂们一起吃饭，桌子上表哥们喝了些酒，有些兴奋。因为今天来的人大多数是同一个年龄段的，难免就会在物质生活上有些比较。

正当大家谈得高兴时，大表哥说，最近想换车，过了一会儿又说要换大一点的房子，虽然不是有意炫耀，但多少还是有些让别人羡慕的意思。

这时候，站在一旁的大表嫂默默地听着他说，并没有说什么，只是等他杯里的酒喝完以后，给他盛了一碗饭来。然后旁边的二表嫂、三表嫂就有些按捺不住了，连忙问大表嫂，这是真的吗？你们家老公会挣钱哦。

大表哥听了以后明显说话更有底气了，而大表嫂呢，只是默默地笑了一笑。

席间，二表哥也有些"不服气"，连忙说道，最近工作压力大啊，言外之意就是当了领导，可二表嫂马上来拆台，当着众人的面说，你手底下也就两个员工而已。而三表哥本来想说说自己最近做生意赚了一些钱，没想到三表嫂直接接过话去：你这一年赚的钱，还抵不过去年一个月亏的呢，三表哥顿时有些尴尬。

后来大表嫂告诉我，大表哥不过就是把以前投资固定资产的15万元钱收了10万回来，其实还亏了5万呢，而且换车换房只是想法而已，压力还是很大的。

我问表嫂，那你为什么当时那么镇定也没拆穿他呢？表嫂说，男人在感情里，最想要得到的其实就是尊重，**尊重的意思很大意义上就是重视他的感受和意见，尤其在外面，要给他留住面子。男人往往把尊严看得比生命还要重要，不是有句话叫男人要捧，女人要宠。捧的意思就是给他面子。**

2

有一次周末，我要到重庆去，得知王姐王哥也要开车过去吃喜宴，于是就搭了一个顺风车。我坐在后面，王姐在副驾，一路上，王姐都在唠叨。

王姐对王哥一路上的话：前面有人，你开慢一点。红灯都过了，你快开走啊。前面的车子开得这么慢，你怎么不超车啊。离转弯还有大约800米远时，王姐又着急地说，快打转弯灯啊。她一路上埋怨王哥开车没一点儿技术，开得慢，又烂，胆子小又怕事……丝毫没有顾及这车里还有一个外人呢，总得给王哥留一点面子吧。

我从车里的前玻璃窗看出，王哥几乎眼睛都要绿了。可还是忍着，而我又不好说什么。等到我下了车，表示感谢之后，不回头地走了，因为我知道我一走，两人一定要大吵一架，为了顾及面子，我就故意装不知道。果不其然，还没走到路口，就听见王哥对王姐发脾气说，你行，你来开啊。

其实即便王哥的车开得真不怎么样，王姐至少也得给王哥留点面子嘛。曾经看到一个调查：男人的死穴是什么？一万名参加调查的男人中，竟然有 73% 的人回答，男人的面子就是男人的死穴。

面子可不是一件小事情，俗话说得好，人活脸，树活皮。其实给他们面子，既是给他们尊重，也是给你自己尊重。把丈夫损得一无是处，既然他这么差，你还跟着他干什么？这不是自己给自己挖坑吗？古往今来，男人要面子这事儿，是不变的真理。面子，其实就是自尊心的表现。毛姆曾说，自尊心是一种美德，是促使一个人不断向上发展的一种原动力。

3

我家隔壁新搬来的租客，两夫妻经常吵架。后来老公就不吵了，一副随便你怎么说，怎么哭，怎么闹，反正我就是不理你的姿态。这可把妻子气炸了，她越是数落他，他就越不反抗，完全把她当空气一样看待，然后两人的关系就越来越僵。

原来，丈夫平时就是一个工薪阶层，每天上班受领导气，回家还要受老婆的气，上有老下有小，也特别不容易。有时候一回到家，他只是想坐下来抽根烟，躺在沙发上玩玩手机，谁知道妻子马上就狠狠地走过来：你就这点出息，只会打游戏，你就不能上进一点,多挣点钱回来吗?等到吃饭的时候,妻子又看不惯丈夫:吃吃吃,就知道吃,除了吃,你还会啥?

然后用手指着丈夫说:就你最窝囊,你看楼下的王二姐,人家老公都给她买了一个钻石项链;你再看看我大姐夫,给我姐换了一辆新轿车;再看看我的好姐妹,一年出国5次,从不缺钱……跟你在一起后,我就没过过一天好日子,你还算不算男人啊。

这一次,听到最后一句话,丈夫实在忍不下去了,摔门而去,一周都没回来,还差点跟她离婚。她想不通,自己一心为这个家好,本来是想鞭策他,怎么就成了自己婚姻的杀手了。

其实女人给男人面子,就是给男人未来。每个成功男人的背后肯定有一个善解人意的女人。你要懂得体谅和鼓励,女人温柔的态度会给男人很大的安慰和动力。爱他,不是数落他,不是只顾做好一日三餐,不是每天守着他抱怨。爱他就是这两个字:面子。给他一个男人应该有的面子,应该有的尊严。

4

一提及感情问题,几乎所有的舆论焦点都是要一个男人怎么对一个女人好,要宠她,哄她,迁就她,包容她,等等。可你有没有想过,男人也需要爱,而男人所需要的爱其实就是尊重,就是无论在家还是在外面,要给他面子。

男人不像女人,普遍来说,男人承担的社会压力和责任更大,他们要顶天立地,所以很多事情和压力都自己扛。

其实生而为人,无论男人还是女人,都是很脆弱的。他们都需要安慰和鼓励，而在一段感情里，最好的爱，便是给他们需要的爱。而男人最需要什么？尊重，即约等于面子。

其实在这个世界上，谁不要点儿面子呢，这可不是虚荣心在作祟，这是一个人的本性而已。

《女人的成熟比成功更重要》一书中说，男人要尊重，女人要爱。你尊重男人越多，他就会为你做得越多。因为被人尊重是一个男人内心最深处的价值需要。

给予男人尊重，让他们有"像个男人"的感觉，其实才是真正地爱他。也许他现在还不足够好，可你又能保证自己就是完美无缺的吗？

在他失意时，多给他鼓励和安慰，而不是一味地抱怨和责骂。当他得意时，学会用巧妙的方法既不伤及他的面子，又能及时提醒他。

有时候男人在外面的一些小吹嘘，其实也是一种解压的方式罢了。毕竟承受了这么多来自工作、生活等方面的压力，偶尔在外人面前长些面子，也无足轻重。你没必要处处为难他们，甚至拆他们的台。

有一句古话是这个意思：在家你怎么闹都行，甚至让他跪搓衣板，他也是愿意的。但在外面，男人就是老大，你要给他面子。话有些粗暴，道理却是真真儿的。

爱他，请理解和包容他。爱他，请给予他尊重。爱他，请给他面子。当你这样做时，才是爱他最好的方式。

写于 2016.9.30

岁月不饶人，却独宠这样的美人

20 岁的女孩，正是朝气蓬勃的年纪，无忧无虑，全身散发着生机和活力。但好像到了 25 岁，就开始感到有些不安，因为 25 岁似乎就是青春的一个节点。

25 岁，肌肤开始长皱纹，皮肤弹性也不再那么好。同时，25 岁开始，你就不能再理直气壮地告诉别人，你还年轻着呢。到了 30 岁更是没话说，你甚至都不敢提"青春"两个字，因为太矫情和牵强。似乎每个女孩子的青春，就只有那么短短的 10 年。

——题记

1

上几周参加公司的培训，认识了一个已过中年的礼仪老师。初次在食堂相遇，她就引起了我的注意，因为从她的面相、身材和举止间透露出的那一份高贵的气质就足以吸引你的眼球。**就好像一个自带阳光的人，走到哪里，都是光芒万丈。**

我亲切地称呼她为周老师。在与她的接触中，我了解到，她除了在工作上非常出色以外，爱好也十分广泛。她至今都活在青春的时光里，只是岁月在脸上多刻了几道皱纹而已。

她热爱音乐，尤其是热爱歌剧。在北京工作那会儿，她最爱到北京大剧院去倾听各类歌剧，包里留存的歌剧门票足够买好多奢侈品。听了吕思清版的《流浪者之歌》以后，**她说，听几次，几次哽咽在喉！**

她爱美，从不会在没化妆前出门。她说这是对别人也是对自己的一种尊重。

她爱运动，会想着法子过好每一天的生活。培训下课以后，她会主动约我打乒乓球，也会独自一人在晨跑中享受美好的日出，呼吸新鲜的空气。

她不老成。她喜欢跟陌生人、年轻人在一起玩儿，她会主动去跟别人交流，一起唱歌，一起加入篝火晚会。她不会因为自己的资格老身份高，也不会因为自己是某公司老总就有架子，反而像一个邻家女子，不管走到哪儿，都能融入周围的环境，找到生活的乐趣。她对生活充满无限的热情，她的年龄也许已然不再年轻，可心却依旧年轻着。

她永远对这个世界充满着末知的渴望，对所有新鲜的事物都想着去尝试，去学习。如今她依旧把自己称作父母的小棉袄，会梳一个丸子头，俏皮地发朋友圈，在她身上你丝毫感受不到"老"字的存在。

都说岁月不饶人，我想岁月只是不饶懒人而已，也不饶那些即便青春还在心却已老的人。岁月独宠美人，尤其是那类永远都想要自己美下去的美人。

2

林姐是我的知己，年过 40 的她，依旧活得潇潇洒洒，青春盎然。在她的生活里，你根本看不见工作、生活以及家庭给她带来的懈怠和疲惫，她依旧希望自己美下去，依旧有一颗炽热的心面对生活中的不如意。

有一段时间，她告诉我，晚上经常失眠多梦，而且整日精神疲乏。她说，年纪真是大了，喝杯咖啡就会睡不着。遥想当年，喝了十杯咖啡仍然呼呼大睡；年纪真是大了，已经在遥想当年了。其实吧，还是年轻，因为还能无病呻吟，少年不识愁滋味，为赋新词强说愁。还能愁，证明自己还年轻着呢。

生活中有很多年轻女孩子，总是说自己老了。凡是说自己老了的女子，我想她们原本就已经老了，只是年龄还要等一段时间才能同步老。岁月不会放过任何一个曾经貌美如花的女子，却独宠那类向阳而生、乐观自信的美人。

岁月真是把杀猪刀，它会无情地在你脸上和身体里注入苍老的痕迹，但即使岁月不饶人，你也要不委身于生活，不屈服于岁月，不稽首于苍老。

林姐同样也被岁月无情地摧残着，为了对付皮肤松弛和身材变形，她每晚做俯卧撑，利用工作午休的时间，和几个同事请了一个瑜伽教练，利用零碎时间锻炼身体。

我们总是相互鼓励着，不仅要做内在灵魂有香气的女子，还要让外在同样美好。于是每次我提醒她，最近穿了很久的跑鞋了哦，最近也没化妆哦，最近运动装穿很多次了哦，她不会来一句普通40岁女人的套话：老都老了。她会双眼放光，然后马上承认自己这段时间是有所懈怠了，之后会把高跟鞋穿在脚上，会把漂亮的裙子穿上，还会去烫一个与年龄相匹配的完美发型。

岁月真的不饶人吗？肯定是的。因为皱纹如年纪一般对每个女子都是公平的，但是有的人经过岁月的洗礼，会让皱纹显得自己更老，而有的人，即便满脸都长满了皱纹，双鬓长满了白霜，腿脚不再利索，在岁月的刀光剑影里，你依旧看得出她曾经是，现在仍旧是一个被岁月宠爱的美人。

3

生活中还有一类上了年纪的女性，总是抱怨着岁月不饶人，却整日跟一群妇女聊八卦，话别家人的长与短，或者没事逛逛街，打打牌，追追剧，于是生活就变成了早上懒散地去上班，中午就期盼着下班，下班后就躺在床上玩手机。老了呀，日子就真的从50岁到80岁、90岁，没日没夜地单调地重复着。

她们不读书，不看报，不听新闻，不增长自己的见识和眼界。既看不惯那些跟她们同龄的女子还穿着鲜艳的裙子，打着红艳艳的口红，也看不惯自己日益增长的体重和越来越肥胖的身材。她们既羡慕那些把日子过得滋润且美好的女性，又不愿为此做出任何努力，她们总说，老了嘛，怎么敢跟岁月抗衡。

她们对品质生活的渴望和追求，已经在无情的岁月里被消磨殆尽。青春时的意气风发和翩若惊鸿，如今只剩下浑浑噩噩和自甘平庸。职场上的那些雄心壮志和奋发精神，如今变成了心灰意冷和得过且过，婚姻中的少女情怀和浪漫缱绻，如今都变成了柴米油盐和不痛不痒。

岁月不饶人，只是不饶那些对生活失去信心和希望的人，但它独宠美人，那些无论年纪再大，经历再多，却依旧愿意倒腾自己让自己变得更美的美人。

4

岁月可真是不饶人，它会让一个绝世佳人不再拥有唯美的身段，也会让一个嘴不点而红、眉不化而翠的女子，失去青春岁月里的惊艳和美貌。

可岁月却又独宠美人，即便它夺取了你身上所有青春的东西，却依然会留给你高雅的气质和独到的内涵。只要你不放弃自己，不放弃对美好事物和品行的追求，不放弃对生活的热情，岁月绝不会辜负美人。

当我老了，我希望我还是会爱惜自己的头发，认真地护理，小心地剪去分叉，白发真好看，年轻的时候就想染。

当我老了，我还是会购买漂亮的裙子和戴有鲜花的帽子，我的审美可不会随着时间而变差。

当我老了，我会出门晒天阳，我会去艺术画廊，我要每天读书，写信，我会摘一簇鲜花，养在瓶子里，就像保留着一个盛开的春天。

岁月不饶人啊，但岁月独宠像你这样热爱生活，热爱美好，热爱一切真善美的美人。

写于 2016.7.27

哪儿有对的人，不过是长久的忍耐

1

张姐和申哥最近在闹离婚，听人说，两个人都受不了对方，吵闹了大半辈子，总觉得眼前的人不是对的人。

张姐性格大大咧咧又随性，不够细致温柔，平常又是个大嗓门，不喜欢打扮自己。总之，对于自己的外在形象就遵循三大原则：方便，休闲，舒服。拿申哥的话来说，就是一个男人婆。每次他带她出去，都觉得没面子。

而申哥呢，也有许多张姐看不惯的小毛病，比如吃饭喜欢不停地抖脚，还喜欢吧唧嘴，不注意餐桌卫生，自己桌前总是一片狼藉。又比如，他是一个很不讲究的人，回家经常不换鞋，经常在张姐拖好地后，穿着脏鞋子就进了卧室。好不容易被她纠正过来，他又特别喜欢把臭袜子往沙发上扔。

两个人经常为这些鸡毛蒜皮的小事吵架，彼此之间有很多矛盾和抱怨，一个怨对方无理取闹，一个怨对方不可理喻。到了后来，即使是申哥吃饭漏粒饭在桌上，也会引起矛盾。

张爱玲曾说，因为爱过，所以慈悲，因为懂得，所以宽容。两个人在一起本来就是互相磨合和成长的过程。夫妻之间所谓的矛盾，其实都是各自不懂得让步，各自咬着自己所谓的真理不放，于是大家都认为自己是对的，别人是错的。

再优秀的人身上都会有缺点，更不要说完全不同的两个人在一起，需要进行多少沟通和协调，才能真正地过着舒服呀。

这个世界上，哪儿有对的人，真正好的婚姻，其实都是互相忍耐的结果。

2

周姐今年 35 岁了，已经算是一个正宗的"黄金剩斗士"。她不是"不婚族"，而是一直觉得自己没找到对的人。

这些年，她陆陆续续也谈了好几次恋爱，其中最刻骨铭心的一次，是跟一个在朋友聚会上偶然相识的陌生人。当初两个人觉得，大家都是对方的知己，有聊不完的话题，是那种一见如故、相见恨晚的感觉。两个人交往了一段时间，本来都打算要结婚了，周姐却说这个人不是她的如意郎君。

她男友事业心很强，而且有点儿大男子主义。由于平常工作很忙，而且也是一个国企单位某部门的负责人，于是两个人经常会在正玩到兴头上的时候，接到男友的公务电话，等挂了电话什么心情也没有了。

有时候男友让她帮忙给家里的亲朋好友买生日礼物，或者帮忙处理一下家里的内务问题，不习惯跟她讲客气话，比如说请、对不起、谢谢你之类的。他觉得她是自己人，所以不太计较这些。而她呢，却觉得他是用命令的语气让她做事情，感觉他特别没礼貌。

其实但凡事业成功的男性，或多或少都会将平时在公司那一套严肃、谨慎，有时候甚至是凶悍的样子带入生活里，而且她男友最明显的也就是这两个缺点而已。

平时对她是掏心窝子的好，舍得为她花钱，花精力，花时间，虽然陪她的时候经常会有工作上的电话，但也努力做到更好，让她满意。

但她却认为，爱她就不可以用这样的态度对她说话，于是最后他们选择了和平分手。

其实周姐一直找不到对的人，不是因为遇人不淑，也不是因为时机未到，而是她太过挑剔和追求完美。我们过度强调找恋人一定不能将就和妥协，但世间又怎会有完美无缺的感情。

3

小琴和大伟是一对异地恋人，一直坚持了 5 年，如今终于修成正果，下个月就要举行婚礼啦。

两个人是从大学开始谈的恋爱，当时大家都觉得他们的恋情不切实际。因为无论两个人的脾气，还是各自的生活习惯，都截然不同。他们一个是慢性子，一个是急性子，谈恋爱时就经常因为这个原因吵架，更不要说以后结婚在一起。

但奇怪的是，两个人虽然磕磕碰碰，分分合合，但最后还是有"终于等到你，还好我没放弃"的甜蜜感慨。

有一次她生病住院，病情有些严重，而那段时间正是男友准备考研的日子，她不愿分他的心，觉得即便他知道了，也只会增加他的负担，起不了任何作用，至多会说你多休息、多喝水这样远水解不了近渴的问候。

小琴说，我也想过要放弃，尤其是自己最无助最需要有个人安慰的时候，但每次这样想的时候，又总觉得如此轻易地放弃，以后会后悔的。

他们两人每个月见一次，每次大伟要坐火车去看她。他坐车最不争气的就是要晕车，而且长时间坐车，他的背部和腰部受不了，因为小时候受过伤，医生都叮嘱他要少坐，尤其是不要长期坐。可为了见她一次，他会坐上 17 个小时，也毫无怨言。

两个刚入社会的年轻人，还是异地恋，维持恋情也特别难。就如作家廖一梅曾说，我想给你一切，可我一无所有。我想为你放弃一切，可我又没有什么可以放弃。

其实没有任何一段感情是十全十美的，能随时陪在你身边的人，也许不太会挣钱。也许能挣钱的人，就不会有太多时间陪你。我们唯一能能做的就是，遇上一个爱的人，相互理解和包容。

4

人们常说，相爱容易相处难。两个人在一起，当遇到意见不合、习惯不同、脾气不对时，我们要做的不是改变对方，而是接受对方。

《圣经》里曾说，**爱是恒久忍耐，又有恩慈。爱有多深，包容和**

体谅就有多深。这个世界上所爱你的人很多，但能忍你的人却很少。

曾经有一句特别温暖的话，**我忍你半辈子，再忍你半辈子，加起来就是一辈子。**

是啊，两个人相处，更多的是学会各自退步和让路，而不是执拗不放，都觉得自己是对的。

婚姻的本质不是求同，而是学会包容各自的不同之处。世界上没有两片完全相同的树叶，更没有两个完全相同的人。

也许你喜欢吃辣，他偏喜欢吃淡。

你有洁癖，他却特别邋遢。

也许他爱"有朋自远方来，不亦乐乎"的交友方式，而你却喜欢"深宅家中"的独居模式。

他用钱特大方，喜欢今朝有酒今朝醉，而你却是一个喜欢为未来做打算的人。

即使再和谐的夫妻，也不可能做到步伐完全一致。

摩洛瓦曾说，当你真心爱一个人的时候，那个人除了有较高的才能，他还有一些可爱的弱点，也是你爱他的重要关键。

好的婚姻是两个人都学会忍耐对方的缺点，而坏的婚姻就是不断地挑剔各自的毛病，然后越来越厌恶对方，最后再也过不下去。

我们常常在找对的人，无论是恋爱时，还是结婚后。

但聪明的人却知道，这世界上哪儿有什么完全对的人，不过是找一个彼此喜欢的人，互相忍耐，互相爱。

写于 2016.11.26

明知不合适，还要跟他在一起

1

昨晚有个读者跟我聊天，说男朋友总是对她没时间、没心思，并且细数了很多男友不好的地方。我说，那你为什么不选择分手啊。

她说，分手哪有那么容易啊，这么多年的感情，哪能说分就分，然后又牵强地给我举了一些男友其实还是对她好的例子。

我说，你还这么年轻，既然你知道他不爱你，就应该及时退出。可她说，也许除了他，我不会再对其他任何人心动了，我害怕错过他，我会后悔一生。

这个姑娘的忧虑，其实不无道理。也许你认为不爱你的人，等到放了手，后来又发现这个人其实是你最爱的。于是很多人为了防止出现意外，宁愿错，也不要错过。

可在我接触的这些年轻女孩中，对方是在恋爱期就对她们不闻不问，忽冷忽热，甚至脚踏两只船。我看不出这些人究竟哪里是对的人，如果说有一点，那就是也许你爱对方，但对方不爱你。

张爱玲曾说，一个人最大的缺点，不是自私，野蛮，任性，而是偏执地爱着一个不爱自己的人。

宁愿是个错误，也要爱着一个不爱自己的人。感情对于女孩而言是感动，对于男孩却不是。他们不爱你，从一开始就不爱了，爱的初衷是心动不是感动，于是你依旧执迷不悟。

生活里我遇到过太多这样的女孩，明知他不爱自己，却依旧抱残守缺，宁滥勿缺。错误的爱情就如鸡肋一般，食之无味，弃之可惜。

她们害怕孤独，害怕单身，她们有过了25岁就会没人追没人爱的恐慌和焦虑，于是很多女孩宁愿死守一个不爱自己的人，也不愿意重新开始。

一个在恋爱初期就表现不出爱你的人，无论你对他有多包容和隐忍，不爱就是不爱，更不可能在未来的日子谈合适。

2

昨天我在客车上，听到车上的两个阿姨讲了这样一个故事。

一个28岁的姑娘，生于农村，读书较少，家庭条件又不好，于是一直在一个小餐馆帮忙打杂。去年她嫁给了一个吊儿郎当的男人，如今怀孕8个多月，依旧要在每周末坐上1个多小时的车程，去另外一座城市见见在工地上打工的丈夫。

而且那个姑娘一个人住在又脏又臭的出租房里，一个人洗衣买菜做饭，自从怀孕以来，就根本没人照顾她。自己的亲妈不管她，

240

怪她自作自受。婆婆更是一个势利眼，不给钱，也不可能来侍候她，除非她生了一个儿，还有的商量。

由于阿姨说话声音比较大，车上好几个人都发声了，为姑娘打抱不平，还特别可怜她，命怎么这么苦。

车上有人继续问，为什么她丈夫不来看她啊？讲这个故事的阿姨说，他丈夫本来就没责任心，根本就不把怀孕当回事儿。

众说纷纭的时候，我在想，姑娘确实值得大家同情，但她自己本身就没有错吗？造成今天这个局面，恐怕她自己是主因。

丈夫对他不好，也不是她怀孕了才知道的啊，据说两个人谈恋爱的时候，他也经常对她拳打脚踢，没有好脸色。

也许是出于长期以来逆来顺受的性格，或许别的长辈们告诉她，结婚就好了，生了孩子就好了，男孩本来成熟的就很晚，于是她抱着这样的态度去等待一个不可能对的人浪子回头。

每次遇到这样的故事时，我的感觉都是惋惜大于同情，反思大于哀叹，甚至是心酸多于心痛。

也许这个例子有些极端，却是真实的事，发生在我们平凡人的身上。每次出现这样的事情，我们只顾唾骂这些男子，却很少从女子身上找原因。

大多数女孩把婚姻和恋爱当作一辈子的救命稻草，甚至于有了爱人和家庭后，就把所有精力放在这个人、这个家上。

无论这个人是否合适，是否值得你去付出，反正结婚跟谁不是结啊，于是就将错就错、凑凑合合地过了下去。

3

我曾经认识一个女孩，家里条件不错，通过妈妈介绍，认识了一个有单位编制工作、看起来很稳定的男孩。刚认识他的第一眼，她就觉得不是自己喜欢的类型。

而且男孩对她也并不是特别喜欢，反正两个人的结合完全是两家人撮合的结果。男孩请她看电影，女孩送他外套，都是各自妈妈支招做的。

于是两个人不冷不热地谈了几个月恋爱。奇怪的是，女孩虽然刚开始不喜欢他，但相处时间久了以后，有了一种依赖和习惯，毕竟两个人在一起比一个人时热闹。

于是女孩逐渐靠时间喜欢上了他，但男孩却没有这样的感觉，反而不断地惹怒她，让她主动提分手。

她过生日，他故意忘记，请他吃饭，还借口要加班。她生病，他连一句问候也没有，反而说这是小事，不值得如此娇气。他从不主动跟她聊天和打电话，每次都是被动地接受女孩的好意。

因为两家人是世交，男方觉得提出分手，实在有些过意不去，于是又拖了大半年。但女孩心里非常清楚，男孩不爱她，可她父母却看着很欢心，觉得两个人相处得很不错，于是商量着结婚的事儿。

后来乱七八糟地经历了一些事情，两个人还是分手了，两家人也因此闹得决裂。

女方怪男方，不喜欢就不要戏弄自己女儿的感情。而男方怪女方，

死缠烂打，明知不爱，还不放手。最后两败俱伤，落得不欢而散。

虽然这件事看起来特别糟糕，但反过来看，我倒觉得也是一件好事。至少这件事教会了她，不要轻易选择不爱自己的人，如果当时男孩为了顾及两家人的情面，也将就地过下去，那苦日子还在后面，错误更无法挽回。

大多数人不适合，还执意要在一起，于是在一起后才发现跟一个不爱的人在一起，是多么痛苦和无奈。当你结了婚，有了小孩，再来谈是否合适的问题，就有些晚了，至少很多人是不敢重头再来的，因为结婚和离婚都是伤筋动骨的大事情。

4

有些感情，从一开始就是错的。知道错了就不能继续错下去，因为错误一时还是一世，完全取决于你是否在认识到错误时有勇气和决心真正退出。

在恋爱时，他脾气坏得吓死人，他好吃懒做，他人品道德有问题，他根本就不爱你……你以为你的将就和妥协可以拯救你爱的人。

但我们通常最爱犯的错误就是在感情里，既未能拯救别人，也害了自己。

当我听到无数已婚人士抱怨，当初怎么就选了他，当初要是知道他死性不改，当初要是听父母的劝告，就不会落得现在高不成低不就，就如套牢的股票，抛了，要损元气，留着，更耗底气。

都是成年人了，如果什么事情都可以"早知道，如果当初"，那就不会存在嫁给一个错误的人。

在感情里，即使他优点再多，不爱你，就是致命的缺点。他缺点再多，但彼此相爱，缺点也无足轻重。

如果你偏执地选择了一个不爱的人，既承受不了不爱的痛苦，也得不到被爱的快乐，那么所有的错，也许就在你自己本身了。

写于 2016.11.22